KB025343

수학의
역사를 만든
놀라운 발견들

수학의 역사를 만든
놀라운 발견들

초판 인쇄 2020년 06월 05일
초판 발행 2020년 06월 10일

지은이 로버트 스네덴
옮긴이 한혜림
감수 함남우
펴낸이 조승식
펴낸곳 (주)도서출판 북스힐
등록 1998년 7월 28일 제22-457호
주소 01043 서울시 강북구 한천로 153길 17
홈페이지 www.bookshill.com
이메일 bookshill@bookshill.com
전화 (02) 994-0071
팩스 (02) 994-0073
ISBN 979-11-5971-291-3
값 15,000원

* 잘못된 책은 구입하신 서점에서 바꿔 드립니다.

수학의 역사를 만든 놀라운 발견들

로버트 스네덴 지음
한혜림 옮김
함남우 감수

북스힐

Contents

Chapter

01

수의 발상

"수학은 문제 해결의 예술이다."

조지 폴리아(George Pólya), 수학자

수량의 문제

우리는 살아가면서 온갖 것에 대한 다양한 형태의 정보를 이용할 수 있는 능력이 필요하며, 우리가 사용하는 정보는 수의 형식으로 제시되는 경우가 많다. 은행 계좌에 잔액이 얼마나 남았나? 몇 분을 기다려야 내가 탈 기차가 도착할까? 시험 성적은 몇 점이 나왔을까? 하지만 과거에도 이랬던 것은 아니다.

수렵 채집인이었던 우리의 조상들은 독이 있어서 먹으면 안 되는 과일과 먹어도 되는 과일을 기억해야 했다. 또한 수렵 채집인은 어디에 가면 동물을 찾을 수 있는지, 그리고 동물이 어떤 행동을 하는지 알 필요가 있었다. 하지만 분명히 그들은 관목에 열린 딸기의 개수나 동물 무리의 개체 수를 세지는 않았을 것이다. 그렇다면 인간은 언제부터 수를 사용하기 시작했을까? 그리고 언제부터 얼마나 많이 있는가를 이해하는 것이 문제가 되었을까?

불가리아 마구라 동굴 벽화

수 연대표

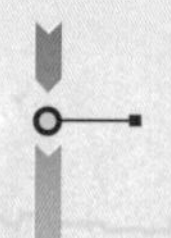

기원전 37,000년경 — 엄대*는 인간이 수를 생각했음을 보여주는 최초의 증거일 수 있다.

기원전 4,000년경 — 인더스강, 나일강, 티그리스강과 유프라테스강, 그리고 양쯔강 유역에서 수를 사용한 증거가 나타나기 시작하다.

* 길고 짧은 글을 새긴 막대기

엄대의 눈금

수학의 언어는 수로 표현된다. 우리가 세는 법을 배우지 않고 수를 사용하지 않았더라면 우리가 알고 있는 문명의 발상은 불가능했을 것이다. 수와 수학이 인간의 본성에 매우 핵심적이므로 수학적 사고와 인간의 전반적인 사고 과정은 병행하여 발달하였을 것으로 추정된다.

수의 인식

수를 나타내는 표현이 없어도 수를 인식할 수 있을까? 오스트레일리아의 원주민 왈피리족과 같은 오늘날의 수렵 채집인들은 수를 셀 때 '하나, 둘, 많음'이라고 한다. 반면 이보다는 좀 더 수리적인 지식을 갖춘 남아메리카의 문두루쿠족은 다섯보다 더 큰 수를 나타내는 표현이 없다. 그렇다면 왈피리족이 하나와 둘에 해당하는 숫자만 가지고 있다면 이들은 과일 네 개와 과일 다섯 개가 있을 때 이 둘 중 하나를 선택할 수 있을까? 신경과학자 브라이언 버터워스(Brian Butterworth) 교수는 2008년에 왈피리족 어린이들을 대상으로 실험을 진행했다. 버터워스 교수는 어린이들에게 소리를 들려주고, 어린이들이 그 소리에 대응하는 개수만큼 패를 펼쳐 놓도록 했다. 왈피리족 어린이들은 영어권 국가 출신의 어린이들만큼 좋은 성적을 냈다. 왈피리족 어린이들은 수를 나타내는 표현은 부족했지만 다른 어린이들과 마찬가지로 수를 인식할 수는 있었던 것이다.

오스트레일리아 카카두 국립공원의 원주민 암벽화. 왈피리족은 수리적 사고를 할 수 있지만 서양 문화와 비슷한 언어적 방식으로 그들의 수리력을 표현하지는 않는다.

인류가 얼마나 일찍 세상을 수리적 관점으로 보기 시작했는지는 알 수 없다. 단지 우리는 인류가 남긴 유물을 바탕으로 추측할 뿐이다. 수리적 사고를 보여주는 가장 오래된 물리적 증거는 레봄보 뼈Lebombo bone이다. 남아프리카에 위치한 국가 에스와티니(옛 스와질란드)의 레봄보 산 동굴에서 약 37,000년은 된 것으로 보이는 개코원숭이 다리 뼛조각이 발견되었다. 이 레봄보 뼈의 표면에는 29개의 눈금이 뚜렷하게 새겨져 있었다. 레봄보 뼈의 정확한 용도는 분명하지 않지만, 오늘날 나미비아의 수렵 채집인들 사이에서 아직도 사용되는 달력 막대와 유사한 점이 있으며 음력의 날을 세거나 여성의 월경 주기를 기록하는 도구로 추정된다. 그렇다면 세계 최초의 수학자는 아프리카 여성이었을까?

1937년에 지금의 체코 지역에서 늑대 뼈가 발굴되었다. 기원전 30,000년의 것으로 추정되는 이 늑대 뼈에는 눈금 55개가 깊이 새겨져 있었다. 이 눈금들은 전통적으로 수를 기록하는 데 사용된 방법이기도 한, 다섯 개씩 묶음으로 새겨졌다(그 이유에 대해서는 '어림 능력'을 참고하길 바란다).

이상고 뼈

또 다른 유명한 수학 유물로 두 개의 이상고 뼈Isango bone가 있다. 가장 잘 알려진 이상고 뼈는 1950년대에 지금의 콩고공화국에 있는 이상고 마을에서 최초로 발견된 것으로, 약 22,000년 전의 유물로 추정된다. 이상고 뼈의 눈금은 더 이른 시기의 유물인 레봄보 뼈의 눈금보다

최초로 발견된 이상고 뼈

더 복잡하다. 이상고 뼈에는 세 개의 행에 다음과 같은 수열이 눈금으로 새겨져 있다.

19, 17, 13, 11

7, 5, 5, 10, 8, 4, 6, 3

9, 19, 21, 11

이러한 수의 묶음이 어떤 면에서 중요한 걸까? 이상고 뼈를 발견한 벨기에의 지질학자 장 드 브라우코르Jean de Heinzelin de Braucourt는 이 눈금이 계산을 기반으로 한 게임이 이루어졌을 가능성을 보여준다고 주장했다. 또, 이 뼈의 눈금 양식을 통해 이상고 뼈를 만든 이가 십진법을 사용하고 곱셈에 대한 지식을 갖추고 있었음을 알 수 있다고 했다. 다른 학자들은 레봄보 뼈와 마찬가지로 이상고 뼈 역시 달의 위상을 기록하는 시간 기록 도구로 사용되었다고 주장했다.

우리가 염두에 두어야 할 것은 이 뼈들에 새겨진 눈금이 어떠한 맥락에서 만들어졌는지 전혀 알 수 없다는 점이다. 우리는 현재의 관점에서 뼈의 용도를 추론할 수밖에 없다. 원래는 레봄보 뼈에 눈금이 29개가 있었으나 부러진 것일 수도 있다. 그렇다면 레봄보 뼈가 음력 달력으로 사용됐다는 추론은 무용지물이 된다. 그리고 설사 눈금 29개가 전부 발견된다고 해도 뼈가 어떤 용도로 사용되었는지는 여전히 알 수 없다. 예를 들어 누군가 막 만든 부싯돌이 얼마나 뾰족한지를 확인하기 위해 눈금을 새겼을 수도 있다. 또는 이 뼈를 손으로 쉽게 쥐기 위해서 눈금을 만들었을 수도 있다. 혹은 누군가 단순히 모닥불 옆에서 빈둥대며 시간을 보내면서, 해가 떠서 아침이 되길 기다리는 동안 눈금을 만들었을지도 모른다.

어림 능력

어림(Subitizing)은 적은 수의 물체를 보고 세지 않고도 그 수를 파악할 수 있는 능력을 말한다. 일상적으로 우리는 세지 않고도 수를 파악할 수 있다. 주머니에서 동전 네댓 개를 꺼냈을 때 동전을 세지 않고도 한눈에 몇 개가 있는지 알 수 있다. 우리의 두뇌가 한 번에 인식할 수 있는 물건의 최대 개수는 다섯 개 정도인 것으로 추정되며, 물건이 다섯 개 이상이 되면 수를 세어서 그 수량을 파악할 수 있게 된다. 이러한 '수 감각' 능력을 인간만 가지고 있는 것은 아니다. 꿀벌, 새, 원숭이 모두 이러한 능력을 갖추고 있음을 보여준다. 하지만 인간만이 다음 단계로 더 나아가 어림의 범위 이상의 수를 세기 시작했다.

동전의 개수를 일일이 세지 않고 한 번 보는 것만으로 그 수를 파악할 수 있는 능력을 어림이라고 한다. 어림은 '수 감각'이 작용하는 우리의 능력을 보여주는 좋은 사례이다.

수를 세다!

수와 수를 세는 것이 언제부터 중요해졌는지 알 수 없지만, 약 10,000년 전 인류가 수렵과 채집이 아닌 정착과 농경을 시작하면서 중요해졌을 가능성이 크다. 멧돼지를 사냥하기 전에는 한 무리에 개체 수가 몇 개인지를 세는 것이 중요하지 않았을 것이다. 하지만 매일 하루가 시작될 때 나에게 양 20마리가 있었다면 아마 하루가 저물 때도 양 20마리가 남아 있는지 알고 싶을 것이다.

20마리의 양을 지키는 양치기는 엄대에 새겨진 눈금과 대조하거나, 아니면 손가락과 발가락을 사용하는 것으로도 양의 수를 셀 수 있었다. 또, 작은 조약돌 더미를 사용하여 양의 수를 세는 방법도 있었다. 조약돌 한 개와 양 한 마리를 일대일 대응하는 방식이다. 수를 셀 필요 없이 그저 저녁에 양 한 마리가 우리로 돌아올 때마다 조약돌 더미에서 조약돌을 한 개씩 옮겨 놓기만 하면 된다. 실제로 계산을 뜻하는 영어 단어 'calculation'은 조약돌을 뜻하는 라틴어 'calculus'에 어원을 둔다.

조약돌 셈을 비롯한 다른 여러 방식의 셈에서는 사실 수가 필요하지 않았다. 물리적 물체 하나를 다른 물체에 대응시키기만 하면 충분했다. 하지만 문명이 발생하고 삶이 복잡해지면서 모든 것의 개수를 기록하기 위해서는 반드시 수가 필요했을 것이다.

스위스 알프스산맥에서 발견된 엄대

Chapter

02

수 체계

정착 규모가 확대되면서 인구가 늘어나고 재산과 가축의 수가 급속도로 증가했다. 따라서 기록에 대한 필요성이 커지게 되었다. 재산을 파악하기 위해서는 수 체계가 필요했고, 각기 다른 시대와 장소 그리고 다양한 문화권에서 이 문제를 해결하기 위해 여러 가지 방안을 마련했다.

고대 수메르 설형문자 조각품

수 체계 연대표

- **기원전 3,400년경** — 이집트에서 수를 나타내는 최초의 기호로 단순한 직선이 사용되다.
- **기원전 3,000년경** — 이집트에서 십진법에 기반한 상형문자 형태의 숫자가 사용되다.
- **기원전 3,000년경** — 바빌로니아에서 금전 거래에 육십진법을 사용하다. 육십진법은 자릿값을 바탕으로 하는 수 체계이긴 하지만 수 '0'에 대한 자릿값은 존재하지 않았다.

메소포타미아의 수학자들

기원전 4,000년경, 메소포타미아 지역에서 최초로 발생한 문명 중의 하나인 수메르 문명이 처음으로 수 체계와 셈을 발달시켰을 것으로 추정된다. 수메르 문명에서는 육십진법이 사용되었는데, 이 육십진법은 현재까지도 사용되고 있다. 예를 들면 1분은 60초, 한 시간은 60분으로 나뉘며 원은 360°라는 점에서 육십진법을 확인할 수 있다. 이후 발생한 이집트 문명에서는 오늘날 우리에게 친숙한 십진법이 사용되었다.

고대 수메르 설형문자 조각품

'문명의 요람'으로 불리는 수메르 문명(오늘날 이라크의 한 부분이 된 메소포타미아 지역)은 괄목할 만한 업적을 이루었다. 바퀴, 농업, 관개 등 수메르인들이 이룬 혁신이 그 이후 발생한 모든 문명을 형성했다고 말할 수 있다. 수메르인들이 발명한 설형문자는 인류 최초의 문자로, 쐐기 모양의 글자를 사용하고 구운 점토판에 새겨졌다. 오랫동안 보관될 수 있는 점토판의 특성 덕분에, 점토판보다 손상되기 쉬운 파피루스에 기록된 초기 이집트 수학보다 고대 수메르와 바빌로니아의 수학이 더 많이 알려지게 되었다.

셈을 위한 점토판

수메르에서 셈에 사용된 물표의 예

질서를 유지하는 관료제도가 없다면 문명을 이룩하는 것은 불가능할 것이다. 수메르 수학은 이러한 관료제도의 요구를 충족시키기 위해 만들어졌다.

수메르 문명은 양, 오일 병 그리고 여타 물건을 나타내는 물표tokens를 사용하는 것에서 더 나아가 수량을 나타내기 위해 수 체계를 사용한 최초의 문명으로 추정된다. 기원전 3,000년경에 수메르인들은 점토판 위에 물표를 그렸다. 다양한 기호로 각기 다른 물건을 나타냈고, 그 기호를 단순히 반복해서 그리는 것으로 수량을 나타냈다. 이러한 수 체계에는 분명히 단점이 있었다. 각 물건에만 해당하는 독자적인 기호가 필요했고, 모든 기호를 배워야 한다는 점이었다. 또한 이 수 체계는 적은 수량을 나타내는 데는 문제가 없었지만, 밀 300다발을 나타내기에는 시간이 많이 들고 오류가 발생하기 쉬웠다.

수량을 표시하는 기호가 도입되면서 큰 진전이 이루어졌다. 수량을 표시하는 기호는 물건을 나타내는 기호와 구별되었다. 수량을 표시하기 위해 오일 병 기호 열 개를 사용하는 대신, 오일 병 기호 한 개와 수 '10'을 나타내는 기호 한 개를 같이 사용했다. 이것을 계량 기수법metrological numeration system이라고 하는데, 이 수 체계는 사실 도량형 시스템이다. 수 기호는 물건을 나타내는 기호와 연관되어 의미가 부여되며, 수량은 나중에 실제로 확인할 수 있으므로 수 기호 자체가 추상적인 개념으로 여겨지지는 않았다.

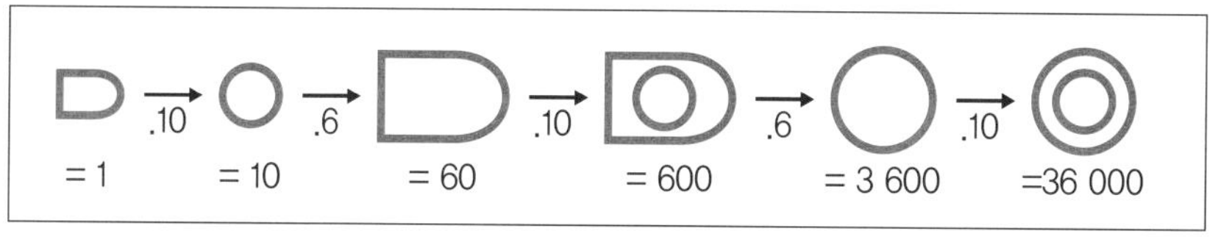

수메르에서 사용된 수 체계. 이후에는 설형문자를 사용하여 수를 표시했다.

육십진법을 사용해 셈을 할 때, 물건 한 개는 작은 원뿔 한 개로 표시되었다. 작은 원뿔 열 개는 작은 원 한 개, 작은 원 여섯 개는 큰 원뿔 한 개와 동일한 것으로 여겨졌다. 그리고 큰 원뿔 열 개는 원이 안에 그려진 큰 원뿔 한 개와 동일했다. 또, 원이 안에 그려진 큰 원뿔 여섯 개는 큰 원 한 개와 같았고, 큰 원 열 개는 안에 작은 원이 그려진 큰 원과 같았다. 최종적으로 가장 마지막 단위는 10×6×10×6×10=36,000 기본 단위가 된다. 이러한 육십진법 기호는 그 이후 몇 세기 동안 점진적으로 점토판에 새겨진 설형문자로 대체되었다.

"계산하지 않는 머리에 지성이 있다고 할 수 있을까?"

고대 메소포타미아 격언

자릿값 표기

바빌로니아의 수학자들은 수의 사용에서 중대한 혁신을 가져온 개념인 자릿값, 즉 자릿수 표기를 발명했다. 자릿값은 숫자를 나타내는 기호뿐만 아니라 숫자의 위치에 의해 각 숫자의 값이 정해진다는 개념이다. 예를 들면 수 333에서 사용된 기호 세 개는 동일하지만, 첫 번째 3은 세 개의 100을, 두 번째 3은 세 개의 10을, 그리고 세 번째 3은 세 개의 1을 의미한다.

바빌로니아는 수메르와 아카드로부터 육십진법과 같은 일부 수 체계 개념을 이어받았다. 그러나 수메르와 아카드에서는 자릿수를 사용하지 않았으므로, 바빌로니아가 이룬 이러한 진보는 당시 수 체계 발달에서 가장 위대한 업적으로 평가될 수 있다. 문명이 더 복잡해지고 다루어야 하는 수가 점점 더 커지면서 자릿값을 사용해야 할 실질적 필요성과 그 이점이 분명하게 나타났다.

바빌로니아에서 육십진법을 사용했다고 해서 바빌로니아인들이 많은 기호를 배워야만 했던 것은 아니다. 오히려 바빌로니아인들은 1을 나타내는 단위와 10을 나타내는 기호, 단 두 가지 기호만 사용했다. 예를 들면 6을 나타내기 위해서는 1을 나타내는 기호 여섯 개를 사용하고, 26을 나타내기 위해서는 10을 나타내는 기호 두 개와 1을 나타내는 기호 여섯 개를 사용했다. 우리가 사용하는 십진법과 마찬가지로 바빌로니아의 육십진법도 숫자를 왼쪽에서 오른쪽으로 읽었다. 따라서 가장 오른쪽에는 59까지의 숫자가 위치했고, 그 왼쪽에 60의 거듭제곱이 위치했다.

육십진법에서 발생할 수 있는 분명한 문제는 2와 61의 표기였다. 수 2는 1을 나타내는 기호 두 개로 표시되었고, 61 역시 기호 두 개로 표시되었다. 물론 수 61에서 숫자 하나는 사실 두 번째 자리에 위치하며 60을 나타낸다. 그렇다고 하더라도, 바빌로니아의 육십진법으로는 2와 61이 거의 똑같아 보인다. 바빌로니아인들은 이 문제를 해결하기 위해 2를 표시하는 기호가 서로 붙어 있게 표시하여 사

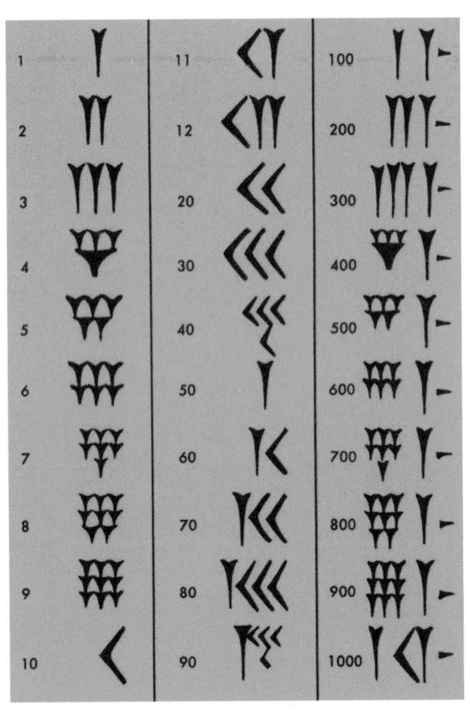

수메르의 육십진법

실상 단일의 기호가 되게 만들었고, 61을 표시하는 기호 사이에는 간격을 두었다. 그렇더라도 만약 부주의하게 표기를 할 경우 계산에서 심각한 오류가 발생하기가 매우 쉽다는 것을 알 수 있다.

이보다 훨씬 더 큰 문제는 빈자리를 채울 수 있는 0이 부재했다는 점이다. 육십진법에서 1과 60은 완전히 똑같이 생겼는데, 왼쪽으로 더 나아간 정도의 차이만 있을 뿐이었다. 하지만 바빌로니아인들은 문맥을 확실히 하여 기호의 값을 분명히 밝힘으로써 육십진법을 매우 잘 활용한 것으로 보인다. 이후 바빌로니아인들은 빈자리를 가리키는 기호를 발명했다.

왜 육십진법인가?

메소포타미아 문명은 왜 육십진법을 사용했을까? 몇 가지 가설이 제기되었지만, 어느 것도 유력하지 않다. 4세기에 알렉산드리아의 테온(Theon)은 육십진법이 사용된 이유를 설명했다. 그의 말에 따르면, 60이 매우 많은 수(2, 3, 4, 5, 6, 10, 12, 15, 20, 30)로 나누어떨어지기 때문에 분수를 계산하기가 쉬워 육십진법이 사용되었다.

오스트리아 수학자 오토 노이게바우어(Otto Neugebauer)는 수메르인들이 사용한 도량형 시스템을 근거로, 도량형을 삼등분으로 나누기 위해 십진법이 육십진법으로 변경되었다고 주장하였다. 노이게바우어의 주장이 타당할 수도 있다. 하지만 도량형 시스템 때문에 수 체계가 나타났을 가능성보다는 수 체계의 영향으로 도량형 시스템이 도입되었을 가능성이 크다.

천문학을 근거로 한 다른 이론들도 있는데, 그중에는 터무니없는 이론들도 있다. 수학 사학자인 모리츠 칸토어(Moritz Cantor)는 육십진법의 사용은 1년을 360일로 나눈 데 따른 것이라고 주장하였다. 하지만 수메르인들은 1년이 360일보다 더 길다는 사실을 분명히 알고 있었기 때문에 이 이론은 설득력이 없다. 달의 주기를 맨눈으로 확인할 수 있는 행성(수성, 금성, 화성, 목성, 토성)의 개수로 곱함으로써 육십진법이 시작되었다고 보는 가설도 있는데, 이 역시 가능성이 매우 적으며 수 체계 도입의 근거로는 약하다.

또한 기하학을 토대로 하는 이론들도 있다. 그중 한 이론에 따르면, 수메르인들은 정삼각형을 기본 기하학적 구성 요소로 여겼다. 정삼각형의 각도는 60°인데, 이 각도를 10으로 나누면 기본 각도 단위가 6°가 되고, 원은 이러한 기본 단위 60개로 구성된다. 이 이론이 완전히 설득력 있는 것은 아니다!

Chapter

03

기하학의 시작

기하학geometry이라는 명칭은 지구를 뜻하는 단어 geo와 측정을 뜻하는 단어 metry에 어원을 둔다. 기하학은 선, 모양, 공간을 논하며, 이들 간의 관계를 다루는 수학의 한 분야이다. 정착 사회에서는 소유와 과세를 위해 자원을 정확하게 분배해야 할 필요가 있었고, 이러한 문제들을 해결하기 위해 전 세계 다양한 문화권에서 기하학의 원리가 독자적으로 발견되었다.

고대 이집트인들은 넓이와 부피를 계산하기 위해 여러 가지 정교한 기법을 개발했지만, 경험에 근거한 실용적 접근법을 채택했고 기하학 이론을 발전시키지는 않았다. 바빌로니아인들 역시 수학에 능했으며 많은 기하학 문제를 해결했다. 그리스인들은 이집트인들과 바빌로니아인들의 업적을 인정했지만, 기하학을 증명과 추론이라는 확고한 기반 위에 올려놓기 위해 노력했다. 고대의 저명한 수학자들인 탈레스Thales, 유클리드Euclid, 피타고라스Pythagoras는 그리스가 기하학적 진보를 이루는 데 기여했다.

고대 그리스의 위대한 수학자이자 기하학의 창시자인 유클리드의 동상

기하학 연대표

기원전 5,000년경	초기 이집트인들과 수메르인들은 기하학 디자인을 사용했는데 이들이 사용한 기하학 디자인은 수학보다는 미술에 가까운 것이다.
기원전 3,000년경	북유럽 거석 유적지에서 당시 사람들이 기하학 원리를 잘 이해한 것으로 보이는 증거가 발견되다.
기원전 1,550년경	이집트의 필경사인 아메스가 200년 앞서 익명으로 작성된 문서를 필사하다. 아메스의 파피루스에는 80개가 넘는 수학 문제와 해답이 기록되어 있으며, 그 가운데에는 곡물 저장소의 용적을 계산하는 방법도 포함되어 있다.
기원전 575년경	그리스의 수학자이자 철학자인 탈레스가 이집트와 바빌로니아 수학에 대해 자신이 알고 있는 지식을 그리스에 전파하다. 탈레스는 기하학을 사용해 피라미드의 높이와 해안에서 선박까지의 거리를 계산하는 문제 등 다양한 문제를 풀었다.
기원전 300년경	알렉산드리아의 유클리드가 저서 『원론』에서 당시 기하학 지식을 집대성하다. 유클리드의 『원론』은 가장 잘 알려지고 영향력이 큰 수학 교과서에 속한다. 후에 아폴로니오스가 저서 『원추곡선론』에서 타원, 포물선, 그리고 쌍곡선 등의 용어를 소개한다.
기원전 140년경	히파르코스가 삼각법을 연구하기 시작하다.

린드 파피루스

린드 파피루스(Rhind Papyrus)는 스코틀랜드 출신의 골동품 전문가인 헨리 린드(Henry Rhind)가 1858년에 이집트의 룩소르를 방문했다가 사들인 것으로, 그의 이름을 따서 린드 파피루스라고 불리게 되었다. 이집트인들의 흥미로운 수학적 사고의 세계를 들여다볼 수 있게 해 주는 린드 파피루스가 기원전 1650~1500년경 필경사인 아메스가 2세기 앞서 작성된 문서를 필사한 것이라는 사실을 고려하면, 린드 파피루스보다 아메스 파피루스(Ahmes Papyrus)가 더 적절한 명칭으로 여겨진다. 아메스에 따르면, 이 파피루스는 '사물을 탐구하기 위한 정확한 계산과 모든 사물, 신비 … 모든 비밀에 대한 지식'을 제공한다. 린드 파피루스에는 계산에 도움이 되는 참조표와 80개 이상의 수학 문제가 포함되어 있으며, 여기에 제시된 수학 문제는 곡물 저장소의 용적을 계산하는 방법처럼 당시 이집트 공무원에게 익숙한 종류의 문제였다.

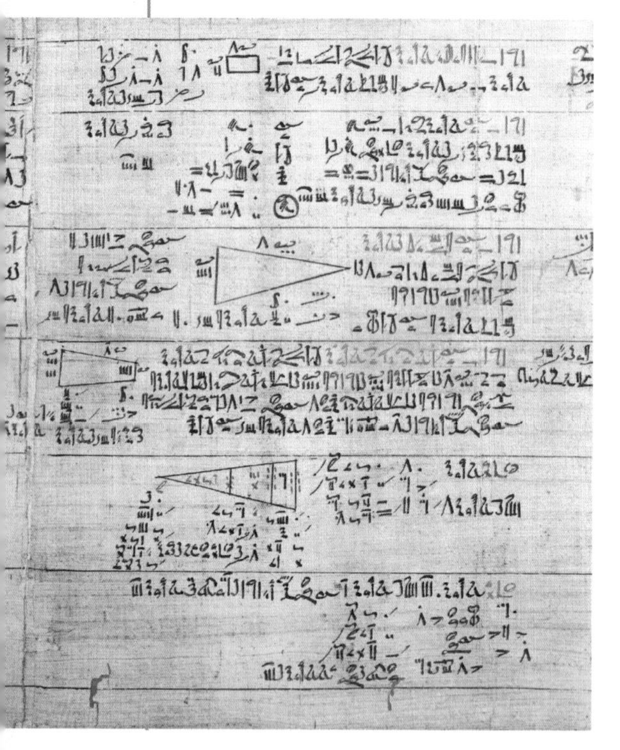

린드 파피루스의 일부분

이집트의 농업 문명에서는 넓이를 정확하게 측정하는 것이 매우 중요했다. 토지에 세금이 매겨졌기 때문에 세금 조사관과 토지 소유자 모두 세금이 정확하게 계산되는지 알고 싶어 했다. 전통적으로 부모가 사망하면 토지는 자녀들에게 분배되었는데, 이때 역시 분쟁을 피하기 위해 정확한 토지 측량이 중요했다. 또한 이집트의 측량사는 매년 나일강의 범람 후 전답의 소유를 표시하는 경계선이 사라지면 그 경계선을 다시 표시하는 임무도 맡고 있었다.

아메스 파피루스에 제시된 수학 문제 중 다섯 문제는 특히 피라미드와 관련되었다. 이 중에는 피라미드 한 면의 경사를 계산하는 문제도 있었는데, 피라미드 네 면의 경사를 모두 동일하게 만들어야 하는 문제로 건설자에게 중대한 사안이었다.

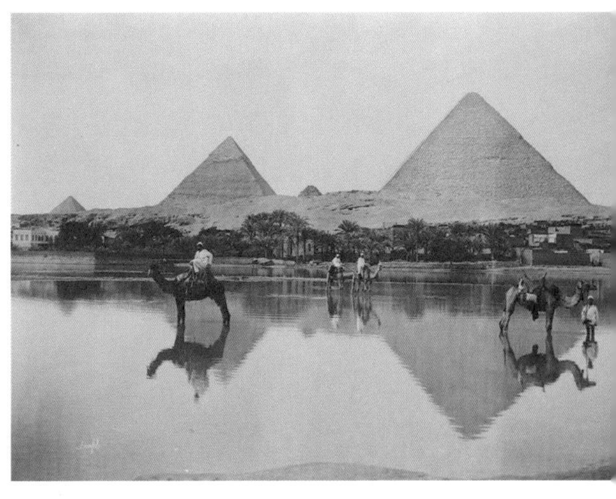

1900년경 나일강 범람 때 어느 이집트 마을의 사진

이집트의 측량사들은 노끈을 당기는 사람rope-stretcher을 뜻하는 하르피도나프타이harpedonaptai라고 불렸다. 측량사들은 마디가 있는 줄을 주요 도구로 활용해 소유지의 경계선을 측정했는데, 각 마디는 1큐빗 간격으로 떨어져 있다. 원래 큐빗은 팔꿈치에서부터 가운뎃손가락 끝까지의 길이를 말하지만 이 길이는 사람에 따라 달라질 수 있었다. 따라서 1로얄 큐빗은 52.3 cm로 표준화되었고, 그 증거는 오늘날 남아 있는 큐빗 막대에서 찾을 수 있다.

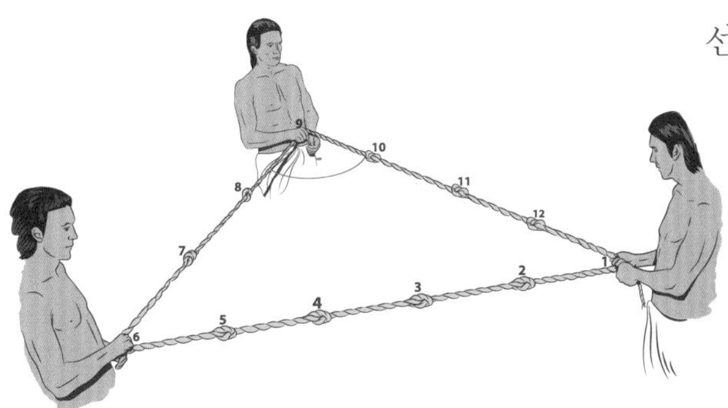

노끈으로 직각 만들기

이집트 측량사들은 노끈으로 직선의 길이만 측정한 것은 아니었다. 측량사들은 일정한 간격으로 열두 개의 마디가 있는 노끈으로 삼각형을 만들었다. 그들은 삼각형의 각 변을 마디 세 개, 네 개 그리고 다섯 개로 만들면 완벽하게 직각이 이루어진다는 것을 알고 있었다. 이집트 측량사들은 피라미드를 비롯한 건축물을 건설할 때 이러한 지식을 바탕으로 토대를 닦았다. 이집트인들은 삼각형에서 세 변의 길이와 직각의 형성이 연관된다는 사실을 우연히 발견했을 가능성이 매우 높다. 이집트인들이 이러한 연관성을 설명할 정리theorem를 공식화했다는 증거는 없다. 연관성에 대한 설명은 피타고라스 정리Pythagoras' theorem가 나오면서 가능해졌다.

피타고라스 정리

피타고라스 정리는 아마 대부분의 사람이 수학 시간에 배운 내용 중에서 가장 많이 기억하는 것 중 하나일 것이다.

피타고라스 정리의 공식은 $a^2+b^2=c^2$로 단순하기 때문에 기억하기가 쉽다. 이 정리는 직각삼각형에서 가장 긴 변, 즉 빗변(c) 길이의 제곱이 짧은 두 변(a와 b) 길이의 제곱의 합과 같다는 사실을 명백하게 설명한다. 이 원리는 피타고라스 이전에도 수 세기 동안 알려져 있었지만 이를 피타고라스가 처음으로 증명하면서 피타고라스 정리로 알려지게 되었다. 이집트 측량사들이 사용한 노끈의 마디 개수인 3, 4, 5는 최초의 '피타고라스 삼원수(Pythagorean triples)'로, 피타고라스 삼원수는 피타고라스 정리에서 해답이 되는 정수의 무한집합을 말한다. 피타고라스 삼원수의 예로는 (5, 12, 13), (7, 24, 25), (29, 420, 421) 등이 있다.

모든 정사각형

넓이를 측정하기 위해 각 변의 길이가 일정한 정사각형(square)을 사용하는 개념을 처음 생각해낸 것은 이집트인들이었다. 이집트인들은 일정한 구역에 들어갈 수 있는 정사각형의 개수로 넓이를 측정했는데, 정사각형 각 변의 길이를 측정하는 표준 단위로 큐빗을 사용했다. 소유지에 들어갈 수 있는 큐빗 정사각형 수가 더 많을수록 세금을 더 많이 납부하는 것이다. 오늘날 우리가 사용하는 단위는 미터나 피트이지만, 이집트인들과 같은 체계를 사용하고 있다. 예를 들어 우리는 '정원의 면적이 15제곱(square)미터이다'라고 말한다. 욕실 벽에 바를 타일이 몇 개 필요할지를 계산하는 것 역시 이집트 측량사들이 땅의 면적을 계산하던 방식과 비슷하다.

정사각형이나 직사각형인 구역의 넓이를 측정하는 것은 간단하다. 그러나 구역이 삼각형이거나 원형이라면 넓이를 측정하는 것은 더 복잡해진다. 이집트의 기하학자들은 삼각형의 넓이를 계산하는 공식인 $1/2 \times b$(밑변의 길이)$\times c$(높이)를 발견했으며, 사각형의 넓이를 구하는 방법도 알고 있었다.

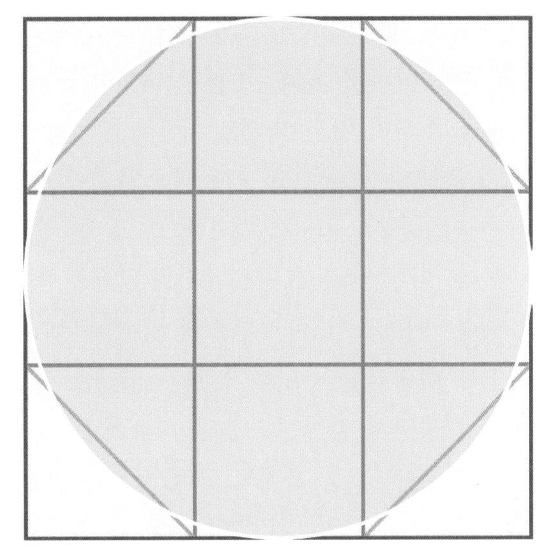

린드 파피루스에서 제시된 내접원이 있는 정사각형. 이 정사각형이 격자로 세분된 것은 고대에 원의 넓이를 계산하기 위해 어림셈 방식을 사용했다는 것을 보여준다.

린드 파피루스(아메스 파피루스)에 제시된 문제 중에는 원의 넓이를 구하는 문제도 포함되어 있다. 원의 넓이를 구하기 위해서는 먼저 구하고자 하는 원의 둘레에 정사각형을 그린 다음, 그 정사각형 내부에 팔각형을 원에 최대한 일치하도록 그린다. 그리고 정사각형과 팔각형 사이에 형성된 삼각형의 넓이를 빼서 팔각형의 넓이를 구한 것으로 원의 넓이를 어림하여 계산한다. 이러한 계산 방식은 실제로 원의 둘레를 원의 지름으로 나눈 비율, 즉 원주율(π)에 가까운 값을 도출한다(여기에 대해서는 뒤에서 더 자세히 다루겠다). 이 파피루스에서 그 값은 약 3.16으로 나오는데, 이것은 실젯값 3.14159…에 상당히 근접한 값이다.

탈레스, 방향을 제시하다

근대 수학의 발전에 크게 기여한 그리스 수학자들은 이집트인들의 영향을 많이 받았다. 오늘날 우리가 이해하는 방식으로 수학에 접근하고 논리적 수열의 추상적 원리를 따른 최초의 수학자는 밀레토스의 탈레스Thales(기원전 624~기원전 545)이다.

지금의 터키 땅인 밀레토스에서 태어난 탈레스는 종종 과학적 접근법을 채택해 세계를 설명한 최초의 수학자로 언급된다. 그는 자연 현상을 신의 행동이라고 보지 않고 그 원리에 대한 해답을 찾으려고 노력했다. 다른 많은 그리스인처럼 탈레스 역시 이집트에서 기하학을 공부했다. 아메스가 파피루스에 필사한 지 천 년이 지난 후, 탈레스는 이집트 측량사들이 마디가 있는 노끈을 사용하여 길이를 측정하고 각도를 만들면서 일하는 모습을 지켜보곤 했다. 이후 탈레스는 이집트에서 보고 배운 것을 가지고 그리스로 돌아왔다.

탈레스는 수학적 정리theorem를 관찰과 귀납법을 통해 '증명'하여 제시한 최초의 수학자이다. 그는 실험을 반복하여 자신의 정리가 정확하다는 것을 밝혔다. 탈레스의 정리들은 상당히 기본적인 것들이었지만(33쪽 '탈레스 정리' 참조), 그의 연구는 수학에 대한 급진적이면서 새로운 이론적 접근법을 제시했다. 그 이전까지만 해도 수학에 대한 접근법에서는 순전히 실용적인 측면이 강조되었지만, 탈레스의 연구를 바탕으로 피타고라스가 수학을 과학으로써 발전시킬 수 있게 되었다. 탈레스는 기하학이 추상적인 개념으로 간주되면서도 기하학의 원리가 실제 세계에 어떻게 적용될 수 있는지를 보여주었다.

그리스 수학에서 탈레스가 이룬 수학적 약진을 잘 보여주는 이야기로 탈레스가 피라미드의 높이를 계산한 사례를 들 수 있다. 탈레스가 이집트 기자에 있는 대피라미드를 방문했을 때, 피라미드는 이미 지어진 지 2,000년이 지난 뒤였다. 하지만 누구도 대피라미드의 높이를 알지 못했다. 탈레스는 닮은꼴 삼각형을 사용해 그 문제를 풀었다.

닮은꼴 삼각형은 크기는 다르지만, 각도와 비율이 동일한 삼각형을 말한다. 몇 가지 설 중 한 가지 설에 따르면, 탈레스는 땅에 막대를 꽂아 하루 중 막대기의 그림자 길이가 막대기의 길이와 똑같아지는 때를 기록했다. 그는 그 순간에 피라미드의 그림자 길이가 피라미드의 높이와 똑같아질 것이라고 추론했다. 이집트 측량사들은 탈레스에게 피라미드의 폭을 알려주었고, 탈레스는 그 폭의 절반을 자신이 볼 수 있는 그림자 길이에 더해 피라미드의 높이를 구했다.

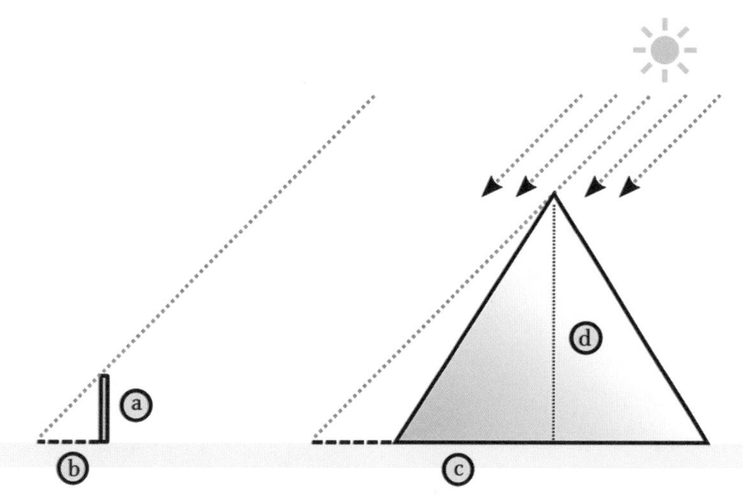

이 그림은 탈레스가 피라미드의 높이를 어떻게 계산했는지 보여준다.

탈레스 정리

탈레스 정리는 반원에 내접하는 각은 직각이라는 것이다. 즉, 원의 지름을 삼각형의 밑변으로 삼은 뒤, 원둘레 위의 임의의 점을 잇는 나머지 두 변을 그리면 삼각형의 밑변과 마주보는 각은 항상 직각이다.

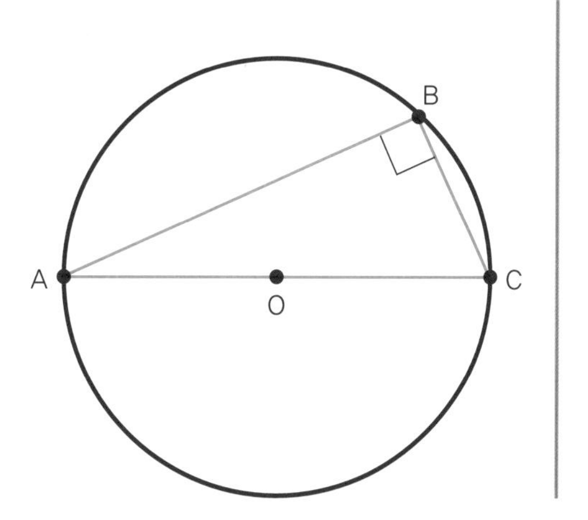

A와 C를 잇는 선이 지름이면 각 B는 직각이다.

마테마티코이

피타고라스는 대체로 이론과학으로써 수학의 토대를 마련했다는 평가를 받는다. 하지만 피타고라스는 수학 저서를 남기지 않았기 때문에 그에 대해서 알려진 것은 거의 없다. 우리가 피타고라스 사상에 대해 알고 있는 대부분은 피타고라스 이후의 학자들이 저술한 저서를 통해서 알게 된 것이다. 기원전 5세기 무렵, 피타고라스는 남성과 여성으로 구성된 공동체를 만들었고, 이들은 '경청하는 자'라는 뜻의 아코우스마티코이(akousmatikoi)와 '배우는 자'라는 뜻의 마테마티코이(mathematikoi)로 분리되었다. 아코우스마티코이는 피타고라스의 가르침 중에서 종교적이고 철학적인 측면에 더 중점을 두었고, 마테마티코이는 피타고라스가 시작한 수학적이고 과학적인 연구를 발전시켰다. 수학을 뜻하는 영어 단어 mathematics는 마테마티코이에 그 어원을 두고 있다. 피타고라스와 그의 제자들은 본질적으로 현실은 수리적이며, 수학이 세상을 설명하고 이해할 수 있는 방법이라고 믿었다. 피타고라스학파는 '모든 것은 수이다'라고 주장했으며 각 수는 독자적인 특성과 의미를 가진다고 믿었다.

피타고라스 판화

유클리드의 등장

기원전 300년 무렵, 당시 알려져 있던 기하학의 원리가 『기하학 원론Elements of Geometry』이라는 13권의 책에 집대성되었다. 1908년에 『원론Elements』을 번역한 토머스 히스Thomas Heath는 이 책을 '의심할 바 없이 역사상 가장 위대한 수학 교과서로 남게 될 훌륭한 책'이라고 단언

했다. 유클리드의 『원론』은 성서 다음으로 가장 많이 번역되고 재판된 책이다.

이 책을 집필한 수학자는 알렉산드리아의 유클리드라는 이름의 그리스인이다. 『원론』의 내용 중에서 원래 유클리드의 생각이 어디까지인지, 다른 사람들의 생각이 얼마만큼 포함되어 있는지는 알 수 없다. 마지막 주요 고전 철학자 중 한 명인 프로클로스Proclus가 저서 『원론 주석서Commentary on The Elements』에 남긴 인용구를 보면, 유클리드가 실제 인물이며 『원론』을 집필한 공로를 인정받았다는 점을 알 수 있다. 하지만 몇몇 동시대 학자들이 유클리드를 간략하게 언급한 것을 제외하면, 유클리드에 대해 그 이상 알려진 사실이 거의 없다. 단순히 유클리드가 이 책을 편찬한 학자들이 소속된 단체의 주요 구성원이었을 가능성도 있다. 『원론』에서 정의definition, 공리axiom, 정리theorem, 그리고 증명proof을 정리한 사람이 누구였든지 간에 이 책의 저자는 이후 수 세기 동안 이어질 기하학의 토대를 마련했고 '기하학의 아버지'로 평가되고도 남을 것이다.

유클리드가 제시한 문제 중에는 평면 기하학, 입체 기하학, 그리고 소수를 포함하는 정수론 관련 문제들이 있다. 『원론』의 중요성은 유클리드가 문제를 풀기 위해 채택한 접근법에 있다. 유클리드는 몇 가지 공준postulate을 정연하게 설명하는 것으로 시작한다. 이 공준은 수학적 법칙이며 명제로서 참으로 여겨지며 증명이 필요하지 않다. 유클리드는 다음의 다섯 가지 근본 원리를 바탕으로 기하학 체계를 점진적으로 확립하기 시작했다.

유클리드의 공준

1. 두 점을 연결하는 하나의 선분을 그릴 수 있다.
2. 선분은 직선으로 무한하게 연장될 수 있다.
3. 임의의 선분에 대하여 선분을 반지름으로 하고 선분의 한쪽 끝을 중심으로 하는 하나의 원을 그릴 수 있다.
4. 모든 직각은 서로 같다.
5. 두 직선이 제삼의 직선과 교차하여 한쪽에 이루는 두 각의 합이 두 직각보다 작으면, 그 두 직선을 연장할 때 두 각이 이루어진 곳과 같은 쪽에서 반드시 교차한다. 이것은 평행선 공준에 해당한다.

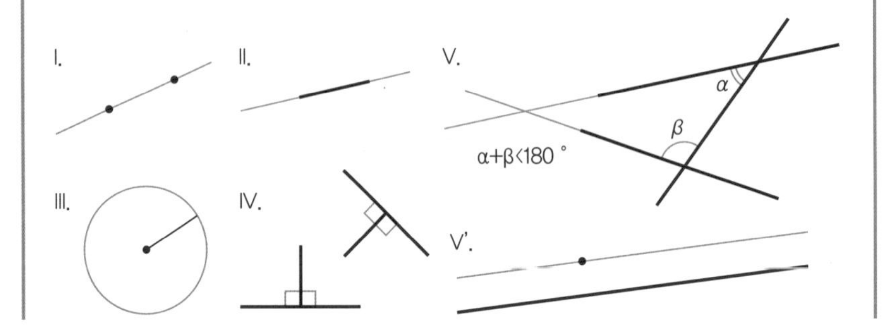

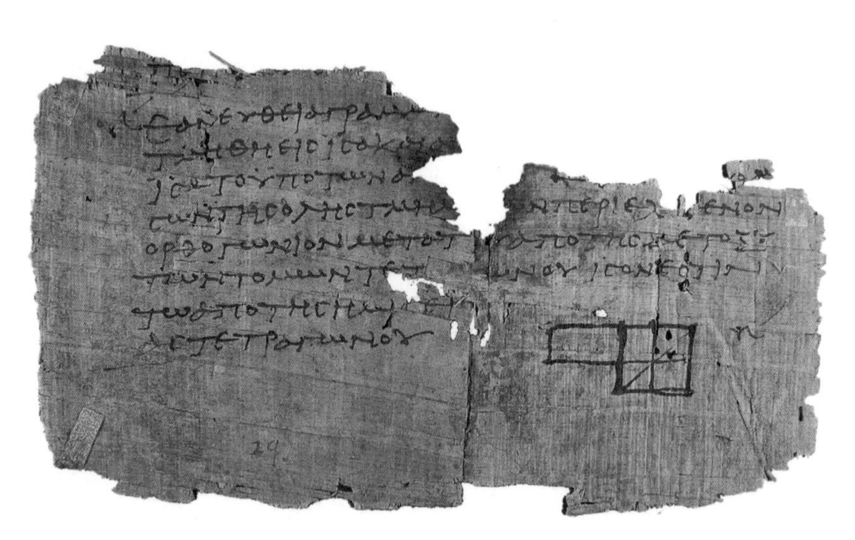

가장 오래된 유클리드 『원론』의 일부분

유클리드는 논리적으로 정리를 증명한 최초의 수학자 중 한 명이다. 확고한 근거로 명제가 증명되어야 한다는 개념은 수학의 근본 원칙 중 하나이다.

삼각법

삼각법Trigonometry은 삼각형의 각도와 변의 길이 사이의 관계를 논하는 학문이다. 측량사와 지도 제작자들에게 특히 유용한 평면 삼각법은 세 각의 크기의 합이 180°인 삼각형을 다룬다. 반면 천문학자들에게 특히 도움이 되는 구면 삼각법은 세 각의 크기의 합이 180° 이상인 구면상의 삼각형을 다룬다.

바빌로니아인들은 기원전 3세기 이전부터 각도를 측정했다. 그들은 처음으로 별에 좌표를 부여했으며, 한 해 동안 태양이 하늘에서 지나가는 외관상의 길인 황도를 천구의 기초원base circle으로 사용했다. 바빌로니아인들은 분점(낮과 밤의 길이가 같아지는 주야평분시에 북극에서 본 태양의 위치)을 기준으로 반시계 방향으로 경도를 측정했다. 그리고 황도를 기준으로 북쪽이나 남쪽의 위도를 측정했다.

히파르코스Hipparchus(기원전 190~기원전 125년경)는 분점의 세차precession of the equinoxes를 포함하여 많은 중대한 천문학적 발견을 한 그리스 출신의 천문학자이자 수학자였다. 분점의 세차는 분점에서 장기간에 걸쳐 태양의 육안상 위치가 변화하는 것을 말하며, 지구 자전축의 변화, 즉 지구가 회전하면서 흔들리기 때문에 발생한다. 히파르코스는 그가 살던 때의 태양의 위치와 과거에 기록된 태양의 위치를 비교하여 분점의 세차를 발견했다. 또한 그는 일 년의 길이를 계산했는데, 그가 계산한 값은 현재의 값과 오차범위가 6.5분 이내였다. 히파르코스가 이룩한 가장 위대한 업적은 최초의 항성 목록을 편찬한 것이다. 히파르코스의 시대 이전부터 바빌로니아인, 이집트인, 고대 그리스인 모두 천문학을 연구했으며, 천구상에서 많은 항성의 위치를 파악하고 있었다. 하지만 기원전 129년에 히파르코스가 항성 목록을 완성한 것은 당시로써는 괄목할 만한 업적이었다. 여기에는 약 850개의 항성 목록이 수록되었고, 황위와 황경으로 정해진 항성의 위치는 그 어느 기록에서 볼 수 있는 것보다 가장 정확하게 기록되었다. 또한 광도 체계에 따라 항성의 밝기가 기록되어 있는데, 이것은 오늘날 사용하는 것과 유사하다.

히파르코스는 자신의 천문학 연구에서 자극을 받아 수학의 한 분야를 발전시키게 된다. 그는 초기 형태의 삼각법을 고안하고 현표table of chord를 만들었다. 현chord은 원둘레 위의 두 점을 연결한 선분을 말하며 원의 중심각에 대응한다. 원의 중심을 O, 원둘레 상의 두 점을 A와 B라고 할 때, 각 AOB에 대응하는 현은 선분 AB이며, 현의 길이는 원의 반지름에 비례한다. 현표는 히파르코스가 천문학적 계산을 하는 데 큰 도움이 되었다. 500년이 지난 후, 알렉산드리아의 테온Theon에 의하면 히파르코스는 현을 논하는 12권의 책을 집필했지만, 그중 남아 있는 책은 없다. 만약 그것이 사실이라면 히파르코스의 책은 삼각법을 다룬 최초의 책이 된다.

현은 현대 삼각법에서 사용되는 사인sine과 밀접한 연관이 있다. 사인은 현의 절반이며, 이를 달리 말하자면 임의 각의 사인은 그 각의 두 배인 현의 길이의 절반이다. 히파르코스는 구면 삼각형 문제의 해법을 개발한 것으로 알려졌다(구면 삼각형은 구면 위에 교차하는 세 개의 호로 형성되는 도형을 말한다).

프톨레마이오스 정리Ptolemy's theorem는 순환 사변형, 즉 원에 내접하는 사변형에서 대각선과 변들의 관계를 논하는 평면 기하학 정리이다. 이 정리는 일반적으로 원래 히파르코스가 고안했다가 나중에 클라우디오스 프톨레마이오스Claudius Ptolemaeus(100~178년경)가 모방한 것으로 알려져 있다. 프톨레마이오스 정리는 사변형이 원에 내접할 때, 대각선들의 곱(대각선들의 길이를 곱한 값)은 마주 보는 변들의 곱을 합한 값과 같다는 정리이다.

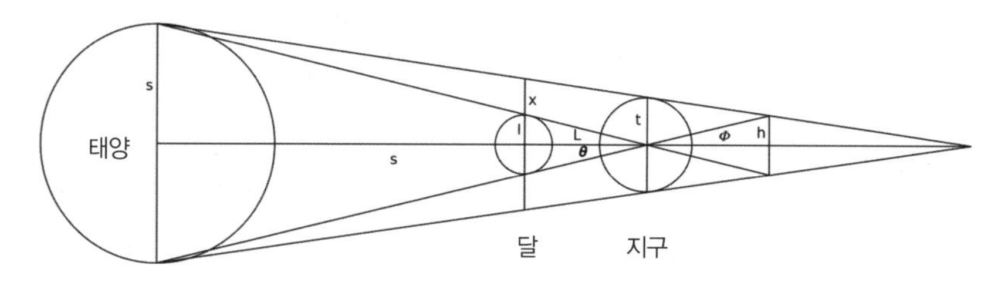

히파르코스가 태양과 달의 상대적 크기와 거리를 계산한 방법

레기오몬타누스

레기오몬타누스(Regiomontanus)라는 이름으로 더 잘 알려진 독일 쾨니히스베르크의 수학자 요한 뮐러(Johann Müller, 1436~1476)는 아마도 15세기의 가장 뛰어난 수학자였을 것이다. 레기오몬타누스는 수학 분야 중 주로 삼각법 분야에서 큰 공헌을 했다. 삼각법이 독립적인 수학 분야로 인정받게 된 것은 레기오몬타누스의 큰 노력이 있었기 때문이다. 레기오몬타누스의 『삼각형에 관하여(De triangulis)』는 최초로 삼각법을 다룬 위대한 책으로, 오늘날에도 학교에서는 이 책에 수록된 기본 삼각법을 대부분 가르치고 있다.

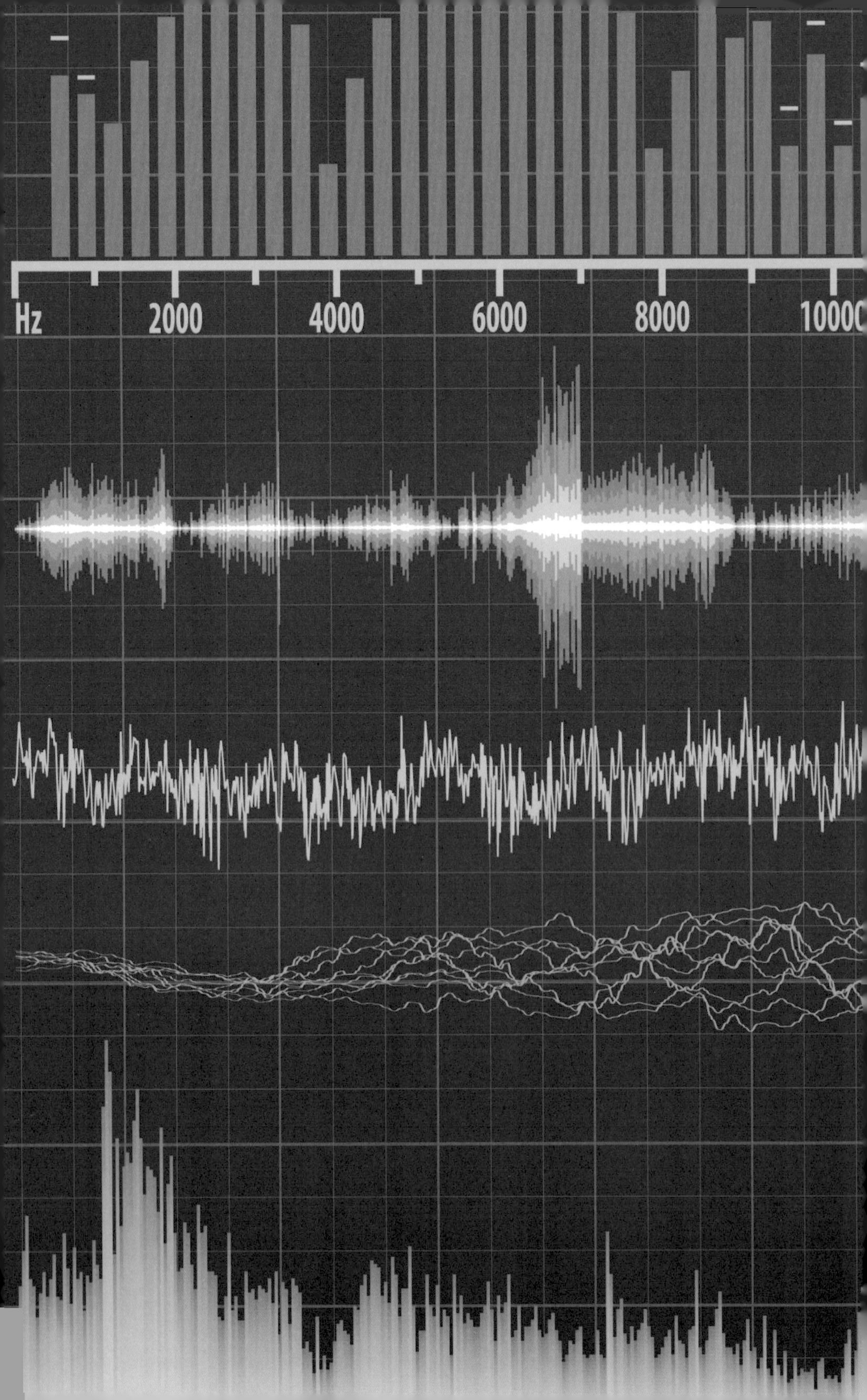
Hz
2000
4000
6000
8000
10000

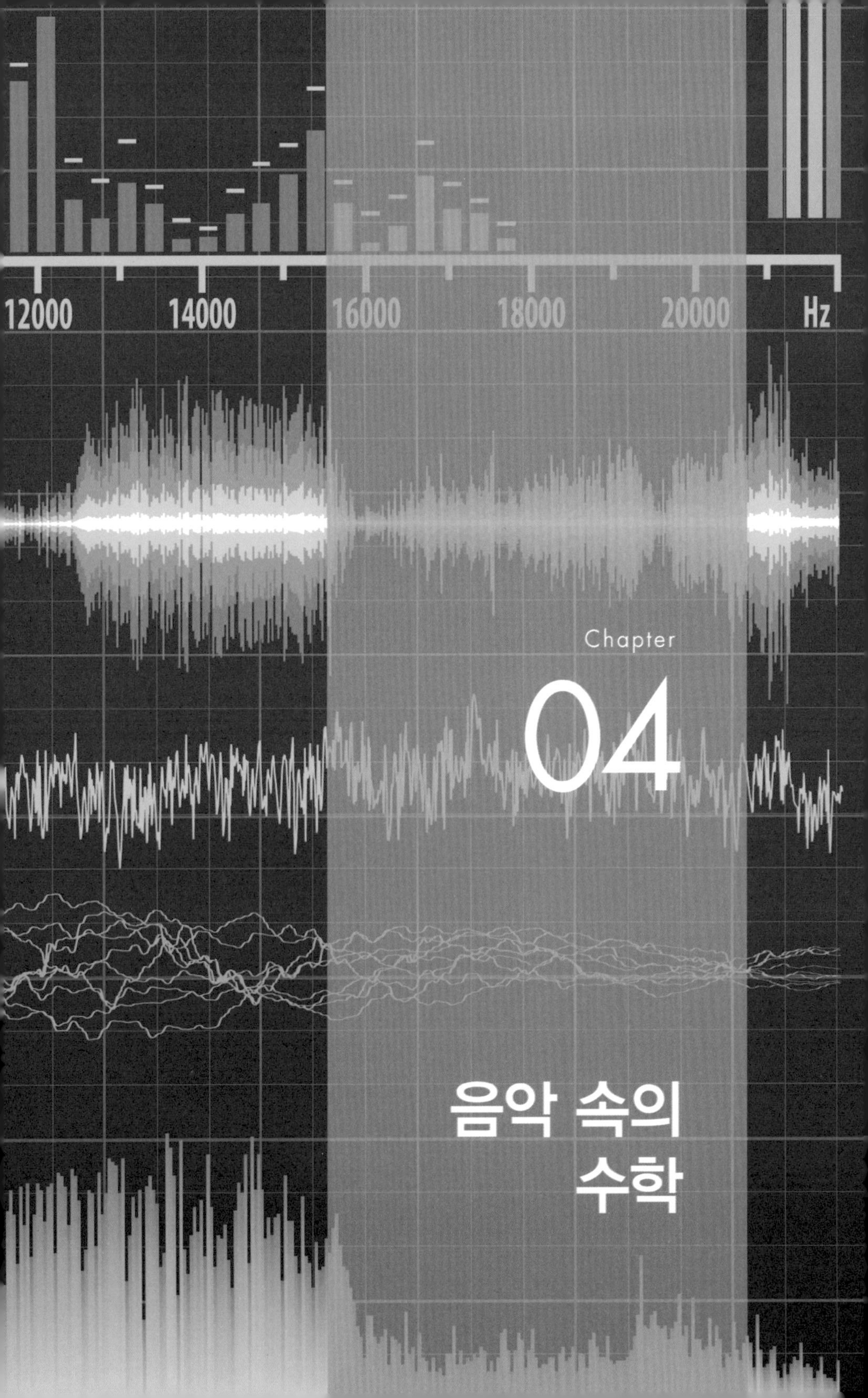

Chapter 04 음악 속의 수학

수학과 음악은 전혀 다른 것처럼 보일 수 있다. 수학자가 아닌 다음에야 발로 장단을 맞추며 방정식 문제를 풀지는 않을 것이다. 하지만 수와 음악은 매우 깊은 관련이 있다. 리듬, 음계, 음정, 박자, 음색, 음높이 등 음악의 모든 것에 수학적 요소가 있다. 수학과 음악은 어떻게 연관되어 있을까? 그리고 수학자들은 조율 문제를 어떻게 해결했을까?

"음악의 형식은 수학에 가깝다. 아마 수학 자체와 비슷하지는 않겠지만, 수학적 사고와 수학적 관계와 같은 것들과는 분명히 비슷하다."

이고르 스트라빈스키 (Igor Stravinsky), 작곡가

음악 연대표

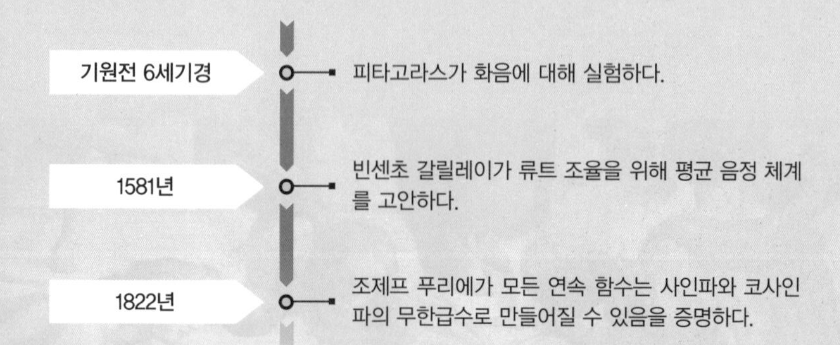

기원전 6세기경
피타고라스가 화음에 대해 실험하다.
1581년
빈센초 갈릴레이가 류트 조율을 위해 평균 음정 체계를 고안하다.
1822년
조제프 푸리에가 모든 연속 함수는 사인파와 코사인파의 무한급수로 만들어질 수 있음을 증명하다.

소리와 크기

한 일화에 따르면 피타고라스는 대장간을 지나다 대장장이의 망치 소리에 관심을 기울이게 되었다. 피타고라스는 망치로 쇠를 두드릴 때 망치의 무게가 절반으로 줄어들면 망치의 소리가 한 옥타브 높아진다는 것을 알아차렸다. 이 일화가 실제로 있었던 일이 아닐 수도 있지만, 피타고라스가 물체의 크기와 물체가 만들어내는 음색 사이의 관계를 연구하는 실험을 했다는 것은 분명하다. 피타고라스는 길이가 다른 현을 퉁기거나 다른 양의 액체가 담긴 그릇을 두드리는 등의 실험을 통해 음이 어떻게 변화하는지를 알아내고자 했다.

소리를 실험하는 피타고라스의 목판화

피타고라스는 실험을 통해 물체와 소리 사이의 수학적 관계를 확립했다. 그는 조화를 이루는 음정 사이에는 항상 정수비가 성립한다는 사실을 발견했다. 예를 들어 길이, 재질, 그리고 장력이 똑같은 팽팽한 두 개의 현은 동일한 소리를 낼 것이다. 만약 한 현의 길이가 다른 현보다 두 배 더 길다면, 짧은 현은 긴 현보다 두 배 더 많이 진동하며 한 옥타브 높은 소리를 낼 것이다. 피타고라스는 한 옥타브의 비율이 2:1이라는 사실을 발견했다. 만약 한 현의 길이가 다른 현의 3분의 1이라면 그 비율은 3:2이며 음정, 즉 두 음의 차이는 5도이다.

한 현의 길이가 다른 현의 4분의 1이라면 그 비율은 4:3이며 음정은 4도이다. 4도와 5도 옥타브 음정 소리는 듣기 좋은 조화로운 소리, 즉 협화음을 만들어낸다. 반면 음정이 정수비를 이루지 않을 경우에는 불협화음이 만들어진다.

표도르 브로니코프의 〈일출을 축하하는 피타고라스〉

피타고라스는 소리와 같은 자연 현상을 수 측면에서 설명하는 데 성공했다. 이러한 시도는 그 이전에는 한 번도 이루어지지 않았다. 이러한 발견으로 피타고라스는 음악의 조화가 우주 전반에 반영되며, 수와 우주의 관계가 만물을 설명할 수 있다고 믿게 되었다. 전 우주가 수를 바탕으로 한다고 확신하게 되었고, 악보에 해당하는 수학 방정식에 따라 행성과 항성이 움직이며 천체의 음악Music of the Spheres을 연주한다고 확신했다. 피타고라스의 이러한 생각은 그 후로도 2,000년간 유지되었다.

소리는 진동에 의해 만들어진다. 진동의 주파수(측정 단위는 헤르츠, Hz)가 높을수록 우리가 인지하는 음의 높이도 높아진다. 피아노에서 가운데 도(C)음보다 높은 라(A)음의 주파수는 440 Hz인데, 이 음은 다른 악기들이 음을 조율하는 기준음이다. 이보다 한 옥타브 높은 라(A)음의 주파수는 880 Hz이다.

소수 문제

20세기 초, 표준음 라(A)의 주파수는 439 Hz였으나, 1939년 5월에 런던에서 개최된 국제회의에서 표준음 라(A)의 주파수를 현재의 표준 주파수인 440 Hz로 변경하기로 합의했다. 왜 이런 결정을 내리게 되었을까? 그 이유는 라디오 방송의 도래와 연관이 있다. 라디오를 통해 더 많은 청취자가 콘서트 공연을 즐길 수 있게 되었다. 영국 공영방송사인 BBC는 1,000,000 Hz의 주파수로 진동하는 압전 결정으로 제어되는 발진기를 이용하여 표준음을 생성했다. 이 음은 권장 범위인 440 Hz~439 Hz의 주파수를 생성하기 위해 나누고 곱해지는 여러 단계를 거쳤다. 하지만 439는 소수(prime number)이기 때문에 이러한 방식으로는 439 Hz의 주파수를 생성하기가 어려웠다.

피타고라스 조율법

그리스인들이 12개의 반음계 음을 조율하는 데 사용한 가장 오래된 방법은 피타고라스 조율법이다. 피타고라스 조율법은 3:2 비율의 완전 5도 음정을 쌓아 올리는 것을 기초로 한다. 만약 첫 음정이 3:2 비율을 이루고, 그것보다 높은 다음 음정이 3:2 비율을 이룬다면, 첫 음에 대한 세 번째 음의 비율은 9:4가 된다. 이것은 세 번째 음이 첫 번째 음보다 한 옥타브 이상 높다는 뜻이다. 동일한 범위 안에 두기 위해 이 음을 2로 나누어 옥타브 내로 조정하면 비율은 1.125:1(또는 9:8)이 된다. 이렇게 해서 우리는 세 가지 음을 갖게 되었다. 이 세 음은 기준음, 기준음보다 주파수가 1.125배 높은 음, 그리고 기준음보다 주파수가 1.5배 높은 음이다. 이러한 방법을 반복적으로 사용하면 추가적인 음을 생성할 수 있다. 총 12단계를 거쳐 음계에서 12음이 모두 만들어지면서 시작보다 한 옥타브 높아지는 것으로 과정이 끝난다.

안타깝게도 이러한 방식에는 결함이 있다. 수가 단순히 맞아떨어지지 않았던 것이다. 반복적으로 3:2의 비율을 적용하면, 그 결과 생성되는 12번째 음은 실제로는 첫 번째 음보다 한 옥타브 높은 음이 아니었다. 12번째 음과 기준음의 비율은 2:1이 아니라 2.027:1의 비율을 이루었던 것이다. 이것은 그리스인들에게는 큰 문제가 되지 않았는데, 그들은 단순히 약간 빗나간 음정은 피하면 되었기 때문이다. 하지만 음악이 더 정교하게 만들어지면서 그리스 조율법에서 한계가 나타

바이올린을 조율하는 연주가

났고, 이로써 등분 평균율 체계equal temperament system가 채택되었다. 정수를 바탕으로 한 그리스의 체계와 달리, 등분 평균율 체계는 무리수를 바탕으로 확립되었다(48쪽 '무리수' 참조).

등분 평균율

등분 평균율 조율법은 한 옥타브의 12개 음정 간격이 동일하도록 음계의 균형을 맞춘 것이다. 등분 평균율 조율법은 그리스의 조율법에 내재된 조율 오차를 효과적으로 분산시킨다. 오차를 없애지는 못하지만 줄일 수는 있어서 모든 음정이 여전히 약간 빗나가기는 하지만 받아들일 수 있을 정도가 된다.

1581년에 피렌체의 음악 이론가 빈센초 갈릴레이Vincenzo Galilei(유명한 천문학자 갈릴레오 갈릴레이의 부친)가 류트 조율을 위해 평균 음정 조율법을 제시했다. 1636년에는 프랑스의 수학자 마랭 메르센Marin Mersenne이 비슷한 조율법을 제시했다. 18세기 말, 프랑스와 독일의 음악가들과 악기 제작자들 사이에는 등분 평균율 조율법이 광범위하게 채택되었고, 얼마 지나지 않아 평균율은 유럽 다른 지역으로 전파되었다.

한 옥타브상에서 12개의 음정 사이에 2:1의 비율을 이루기 위해서는 각 음정을 12번 곱했을 때 그 결과가 2:1의 비율이 되도록 각 음정 간의 비율이 이루어져야 한다. 다시 말해 $x^{12}=2$가 성립되어야 하는데, 이것은 등분 평균율이 무리수인 $\sqrt[12]{2}$('무리수' 참조)를 기초로 한다는 뜻이며, 이 비율은 대략 1.0595:1이다. 등분 평균율 조율법에서 5도 음정의 비율은 1.498:1이다. 공교롭게도 이것은 피타고라스 조율법에서 정한 1:5 비율의 5도 음정에 거의 가까워 인간의 귀로는 구별할 수 없다. 하지만 1.26:1 비율의 3도 음정은 피타고라스 조율법의 4:3(1.25:1) 비율의 음정과는 다른 소리를 낸다. 오늘날 우리가 정교한 음악을 즐길 수 있는 것은 위대한 피타고라스가 존재할 거라고 믿지 못했던 무리수 덕분이다.

무리수

피타고라스학파는 모든 수를 두 개의 범자연수(whole number), 즉 정수(integer)의 비율로 나타낼 수 있다고 믿었다. 이러한 수를 유리수(Rational number)라고 하며, 유리수는 비율을 뜻하는 단어 'ratio'에 어원을 두고 있다. 피타고라스학파에게 간단한 비율로 나타낼 수 없는 수가 존재한다는 발견은 충격적인 사실이었을 것이다.

정사각형을 대각선으로 나누어 만들어진 직각삼각형을 생각해보자. 피타고라스 정리에 따라 직각삼각형의 두 변의 길이가 각각 1이라면, 나머지 변의 길이는 $\sqrt{2}$ 이다. 그렇다면 이 길이는 얼마인가? 피타고라스의 제자 히파소스(Hippasus)는 이 문제를 풀기 위해 노력했지만, 그 답을 두 정수의 비율로 표현할 수 없다는 사실을 알게 되었다. 전설에 따르면 피타고라스는 이러한 발견에 두려움을 느껴 히파소스를 배에 태우고 나가 물에 빠뜨렸다고 한다. 피타고라스의 이름을 딴 정리가 결과적으로 피타고라스의 철학을 훼손하게 된 것은 다소 역설적이다.

분명히 $\sqrt{2}$ 는 1과 2 사이에 있는 수(1.4142135623730950...)이므로 범자연수가 될 수 없으며 소수점 아래 숫자는 무한히 계속된다. 이 수는 범자연수로 이루어진 분수로 나타낼 수 없다. 이 수에 상응하는 비율이 존재하지 않으므로, 이 수는 무리수이다.

무리수에 대해 숙고하면서 물에 빠지는 히파소스를 그린 만화

소리와 푸리에

단일 음조의 안정되고 순수한 소리는 부드럽게 반복되는 진동인 사인파에 의해 만들어진다. 악기에서 나는 소리는 훨씬 더 복잡하다. 악기 소리의 특성을 뜻하는 음색은 주로 고조파 속성, 즉 소리에 존재하는 고조파의 수와 상대 강도에서 기인한다. 그 결과 다양한 파동이 서

로 간섭하는 정교한 파형이 만들어진다.

프랑스의 수학자 장 바티스트 조제프 푸리에Jean-Baptiste Joseph Fourier(1768~1830)는 열이 한 장소에서 다른 장소로 이동하는 방식을 연구하던 중 아무리 복잡한 파형이라도 사인파 성분으로 분석될 수 있다는 사실을 밝혔는데, 이를 푸리에 해석이라고 한다. 푸리에 해석에 따라, 음파를 음파의 구성 요소인 사인파 성분의 진폭으로 나타낼 수 있다. 이러한 일련의 숫자를 소리의 조화 스펙트럼harmonic spectrum이라고도 한다. 고조파 성분을 파악하게 되면, 과정을 역행하여 사인파 성분을 생성하는 톤 발생기를 사용해 원래 소리를 합성할 수 있다.

무선 통신, 잡음 제거 헤드폰 및 음성 인식 소프트웨어와 같은 다양한 현대 기술이 푸리에 해석을 바탕으로 한다.

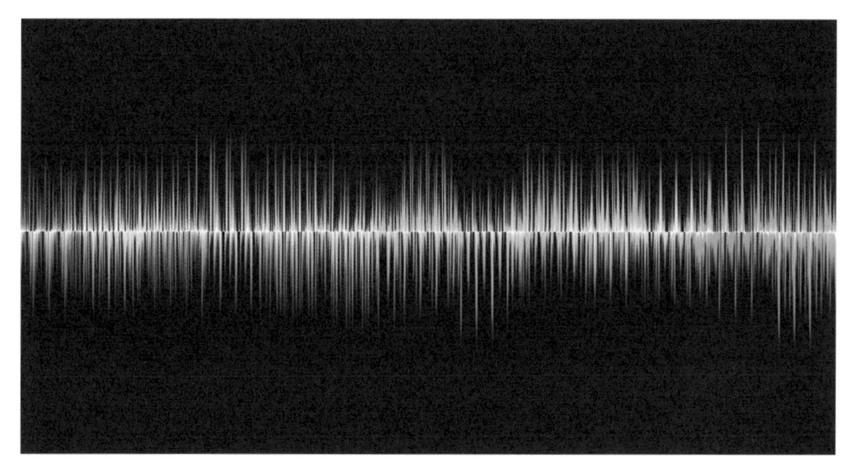

푸리에 해석을 통해 복잡한 파동을 더 단순한 성분으로 분해할 수 있다.

Chapter 05

원주율, π로 가는 길

기하학 측면에서 보면 모든 원은 비슷하다. 다시 말해 원의 크기에 상관없이 원주의 길이와 그 지름의 비율은 언제나 똑같다. 이 비율을 원주율, 즉 파이라고 부르며 기호 π로 나타낸다. π는 가장 잘 알려진 수학 상수이다.

처음으로 원주율을 이론적으로 계산한 사람은 그리스 수학자인 시라쿠사의 아르키메데스Archimedes로 추정된다. 그 이후 수학자들은 상당한 독창성을 발휘하며 이 문제를 풀기 위해 나섰고 π의 값은 점점 더 정확하게 계산되었다. π는 '정확한' 값을 가지지 않는 무리수이다. π는 우리의 수학 능력이 닿을 수 없을 만큼 무한히 계속되는 숫자이다.

수 세기에 걸쳐 π를 수학적으로 이해하기 위한 노력이 이어졌으며, 이러한 탐구는 비록 끝이 보이지는 않았지만, 과학과 기술의 진보를 가져왔다.

π를 이용하여 원의 넓이를 구하는 계산

π 연대표

기원전 2,000년경

바빌로니아인들과 이집트인들이 π의 값이 3을 조금 넘는다고 판단하다.

기원전 250년경

아르키메데스가 π의 값을 22/7로 어림하여 그 값이 3.1418이라고 계산하다.

1706년

웨일스의 수학자 윌리엄 존스가 원주율을 나타내는 기호 π를 처음으로 사용하고, 18세기 중반 스위스의 수학자 레온하르트 오일러가 이 개념을 대중화하다.

1768년

요한 람베르트는 π가 무리수이며, π의 소수점 아래 수는 일정한 규칙성 없이 무한으로 반복된다는 것을 증명하다.

1882년

독일의 수학자 페르디난트 폰 린데만(1852~1939)이 π가 무리수일 뿐만 아니라 초월수라는 것을 증명하다. 초월수는 유한급수의 산술연산이나 대수연산에서 표현할 수 없는 수를 말한다.

선사시대의 원

전 인류 역사에 걸쳐 모든 문화에서 사람들은 원에 매료되었다. 전 세계에서 발견된 선사시대 암각화에는 대개 원형 표시가 있으며, 영국의 스톤헨지를 비롯한 거석기념물은 원형으로 배치되어 있다. 스톤헨지는 동지와 하지 때 일출과 같은 주요한 현상에 맞추어서 정렬되어 있기 때문에 일반적으로 천문학적 목적으로 만들어졌다고 여겨진다. 옥스퍼드 대학교의 산업 고고학자인 안소니 존슨(Anthony Johnson)은 스톤헨지가 기하학 문제를 풀 수 있는 정교한 기술에 대한 증거를 제공한다고 주장한다.

영국에 있는 스톤헨지

스톤헨지의 가장 복잡한 기하학적 특징은 선돌 유적 주변 둑 바로 안에 지름 87 m의 원형을 형성하며 배치된 56각형의 점을 표시하는 구멍들에 있다. 존슨은 컴퓨터 분석을 사용하여 이 56각형이 노끈과 말뚝만을 사용하여 만들어졌다는 사실을 보여주었다. 존슨에 따르면, 스톤헨지 측량사들은 노끈을 이용해 원을 만든 다음, 원둘레 위에 사각형의 네 점이 위치하도록 사각형 두 개를 배치하여 원 안에 팔각형을 만들었다. 그런 다음, 팔각형의 점들을 고정점으로 삼아 노끈을 사용해 원둘레와 교차하는 여러 개의 호를 그렸고 마침내 거대한 56각형을 만들었다. 존슨은 56각형이 이러한 기법을 사용하여 쉽게 만들 수 있는 도형 중에서 가장 복잡한 것이라는 사실도 증명했다. 그는 “피타고라스 시대보다 2천 년 앞선 스톤헨지의 건축가들이 피타고라스 기하학에 대한 전문적 지식을 갖추고 있었다.”고 말했다.

모든 원은 크기에 상관없이 원의 둘레와 그 지름의 비율이 똑같다는 사실은 수천 년간 알려져 있었다. 이후 이 비율은 원주율로 알려지게 되고 그리스 글자인 π로 표기하게 되었다. 앞서 살펴보았듯이(31쪽 참조), 이집트인들은 π의 값을 약 3.16이라고 생각했다. 바빌로니아인들 역시 이 비율에 대해서 인지하고 있었고 그 값을 3.12로 판단했는데, 그들은 원 안에 내접하는 육각형을 그려 원둘레에 대한 육각형 둘레의 비율이 24/25라고 가정하여 π를 계산했다.

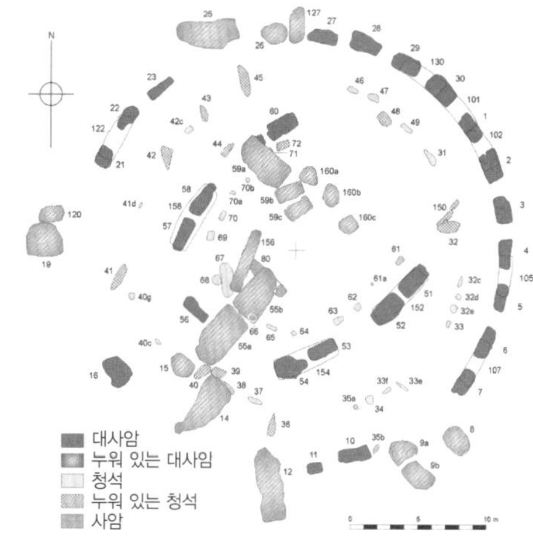

스톤헨지 유적지 조감도

기원전 250년경, 아르키메데스는 곡선 안의 넓이를 계산할 때 구하고자 하는 부분을 가는 띠로 세분하여 그 넓이를 계산했다. 각 띠의 넓이를 계산한 다음, 모든 띠의 넓이를 합해서 답을 구한 것이다. 이 방법은 약 2,000년 후 아이작 뉴턴Isaac Newton과 고트프리트 라이프니츠Gottfried Leibnitz가 각각 발견한 미적분법의 직접적인 전신이 된다(153~156쪽 참조).

아르키메데스

시라쿠사의 아르키메데스(기원전 287~기원전 212년경)는 일반적으로 고대의 가장 위대한 과학자로 여겨진다. 공학자이자 물리학자 그리고 수학자로서의 그의 능력은 독보적이었으며, 그는 수학 역사에 지속적인 영향을 끼쳤다. 아르키메데스는 공학자로서 관개에 사용된 나선식 펌프를 발명했을 뿐만 아니라 지레와 도르래를 다양하게 응용했다. 아마도 그는 아르키메데스의 원리, 즉 부력의 원리로 가장 잘 알려졌을 것이다. 사실이든 아니든 간에, 목욕을 하다가 "유레카(Eureka, 알았다)!"를 외치며 벌거벗은 채로 욕조 밖으로 뛰어나오는 아르키메데스의 모습은 과학 역사에 새겨져 있다. 수학 분야에서는 π의 계산 외에도 원과 원기둥 등 여러 가지 기하 도형의 둘레, 넓이, 부피를 계산하는 방법을 발견했다.

아르키메데스는 최대한 가장 정확하게 π의 값을 구하고자 했다. 아르키메데스는 π의 값을 구하기 위해 아메스 파피루스에서 설명하는 방법과 비슷한 접근법을 사용했다. 하지만 그는 팔각형을 사용하지 않고 정96각형을 사용했다. 아르키메데스는 원에 내접하는 다각형과 외접하는 다각형의 넓이를 계산해 원의 넓이를 어림하여 계산했다. 원의 실제 넓이는 원에 내접하는 다각형과 외접하는 다각형 넓이의 중간이며, 따라서 원의 최대 넓이와 최소 넓이를 구할 수 있었다. 아르키메데스는 자신의 이러한 방식으로 π의 절댓값을 구할 수는 없지만 근삿값을 구할 수 있다는 것을 알았고, π의 값이 3.1418이라고 계산했다.

시라쿠사의 아르키메데스 동상

이후 18세기 동안 중국, 인도, 이슬람 국가를 비롯한 전 세계의 수학자들이 아르키메데스의 π 값 계산 방법을 사용했다. 1596년에 네덜란드의 수학자 뤼돌

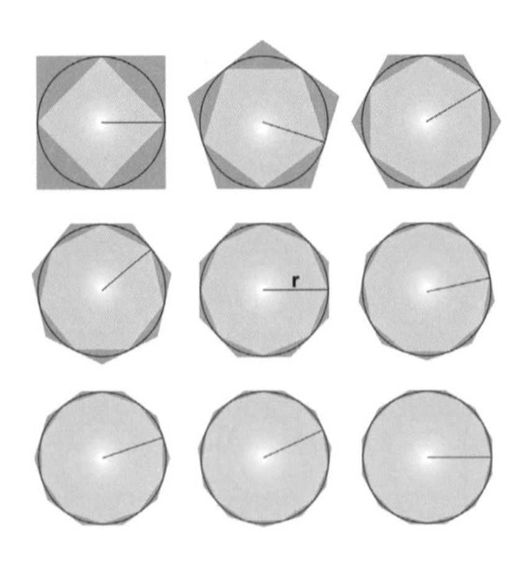

아르키메데스가 원의 넓이를 계산한 방법

뤼돌프 판 퀼런의 묘비

프 판 쾰런Ludolph van Ceulen은 이 방법을 최대한 활용했다. 무려 면의 수가 약 46억 개인 다각형을 사용해 π를 소수점 아래 35자리까지 계산한 것이다! 그는 삶의 대부분을 π 값을 구하는 데 보냈기 때문에 묘비에 π 값이 소수점 아래 35자리까지 새겨진 것은 당연한 일이었다.

무한급수

16세기와 17세기에 무한급수 개념이 확립되면서 수학자들은 더 효율적으로 π의 근삿값을 계산할 수 있게 되었다. 무한급수는 1/2, 1/4, 1/8, 1/16 ... $1/2^n$과 같이 무한수열의 각 항을 덧셈(곱셈이 성립하는 경우는 그리 많지 않음)으로 연결한 식을 말한다. 무한급수를 사용하여 π를 계산한 최초의 기록은 1500년경 인도의 천문학자인 닐라칸타 소마야지Nilakantha Somayaji가 산스크리트어로 작성한 글에서 발견되었다.

뷔퐁의 바늘

18세기 프랑스의 수학자 조르주 뷔퐁(George Buffon)은 π의 값을 구하기 위해 흥미로운 방법을 제안했다. 간격이 일정한 평행선 위에 무작위로 바늘을 던지는 것이다. 바늘의 길이 l이 평행선 사이의 간격보다 작을 경우, 바늘이 평행선 중 하나와 만날 확률은 $2l/\pi$이다. 1901년에 이탈리아의 수학자 마리오 라자리니(Mario Lazzarini)는 바늘을 34,080번 던져 π의 값을 구하는 실험을 했다. 그 결과 π의 값은 355/113=3.1415929로 산출되었고, 이것은 놀라울 만큼 정확했다. 실제로 일부 수학자들은 이 결과가 의심스러울 만큼 정확하다는 의견을 제시했다. 이상한 점은 바늘을 던진 횟수였는데, 이 때문에 숨겨진 사실이 밝혀진 것일 수도 있다. 즉, 라자리니가 만족할 만한 결과가 나올 때까지 기다리다가 그 결과가 나왔을 때 중단했음을 시사한다.

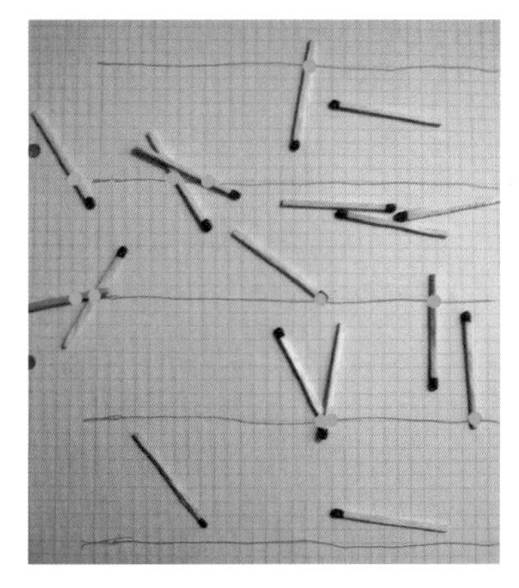

성냥을 이용해 '뷔퐁의 바늘' 방법으로 π의 값을 계산하기

뉴허라이즌스 우주선과 명왕성

1665년, 아이작 뉴턴은 무한급수와 미적분법(미적분법은 아이작 뉴턴과 고트프리트 라이프니츠가 각자 발견함)을 사용하여 π의 값을 소수점 아래 15자리까지 계산했다. 18세기 초에는 소수점 아래 100자리까지 계산한 π의 근삿값이 산출되었다. 그리고 1946년에는 소수점 아래 620자리까지 계산한 π의 근삿값이 산출되었는데, 이것은 계산기나 컴퓨터의 도움 없이 구할 수 있는 π의 값 중에서 가장 정확했다. 현재 이용할 수 있는 컴퓨팅 성능으로는 π의 값을 소수점 아래 수조 자리까지 계산할 수 있다. 2016년 11월, 수학자 피터 트루에브Peter Trueb는 연속 105일 동안 컴퓨터 계산을 진행하여 π의 값을 소수점 아래 무려 22,459,157,718,361자리까지 구했으며, 이것은 충분히 검증된 값이었다. 이 값이 얼마나 긴 수인지 이해를 돕기 위해 설명하자면, 인쇄하였을 경우 1,000쪽짜리 책 수백 만 권을 채울 수 있을 정도이다. 트루에브가 이 계산에 사용한 컴퓨터에는 생성되는 방대한 양의 데이터를 저장하기 위한 하드 드라이브 24개가 장착되었고, 각 하드 드라이브에는 6테라바이트의 메모리가 탑재되었다.

얼마나 정확해야 할까?

π 값의 오차 범위를 정밀하게 조절해야 하는 공학자들에게는 근삿값의 오차를 최대한 줄여 계산하는 것이 매우 중요할 것이다. 그런데 π의 값이 실제로 얼마나 정확해야 할까? 캐나다의 수학자 조나단 보웨인(Jonathan Borwein)과 피터 보웨인(Peter Borwein)은 π 값을 소수점 아래 35자리까지 계산할 경우 맨눈으로 확인할 수 있는 우주 전체를 감쌀 정도로 큰 원의 둘레를 구할 수 있으며, 이때 정확도는 수소 원자의 반지름보다 작다고 말한다. NASA는 행성 간 우주 탐사선의 경로를 계산할 때 소수점 아래 15자리까지 구한 π 값($\pi=3.141592653589793$)을 사용했다.

Chapter

06

값이 없는 중요한 수 0

0이 없이 산다는 것은 상상하기 힘들다.

수는 사물을 세는 데 사용된다. 이것은 분명한 사실이다. 그렇다면 존재하지 않는 사물을 셀 수 있을까? 빈 상자에 오렌지가 몇 개 있는지 어떻게 셀 수 있을까? 0을 단순히 자리를 표시하는 기호로 사용하는 것이 아니라 0 자체를 하나의 수로 사용한다는 개념적 도약이 이루어진 데에는 일반적으로 5세기 인도 수학자들의 공헌이 컸다고 여겨진다. 하지만 그보다 수 세기 이전부터 0이 수로 사용되어 왔을 가능성도 있다.

수 0을 나타내기 위해 원형의 기호를 사용했음을 보여주는 가장 오래된 증거는 9세기 인도 중부 지역 괄리오르Gwalior에 위치한 한 사원에 새겨진 것이다. 0을 수로 사용하게 되면서 수학은 큰 발전을 이룰 수 있었다. 예를 들어 0은 르네 데카르트의 카테시안 좌표계와 뉴턴과 라이프니츠가 각자 발견한 미적분법의 확립에 필수적인 역할을 했다.

괄리오르 사원 입구

0 연대표

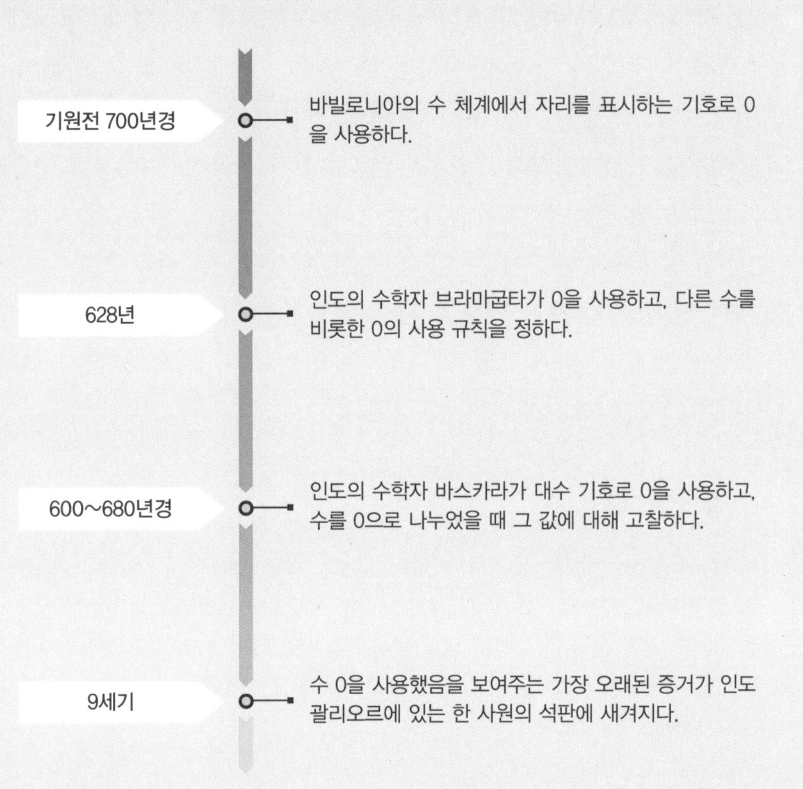

기원전 700년경
바빌로니아의 수 체계에서 자리를 표시하는 기호로 0을 사용하다.
628년
인도의 수학자 브라마굽타가 0을 사용하고, 다른 수를 비롯한 0의 사용 규칙을 정하다.
600~680년경
인도의 수학자 바스카라가 대수 기호로 0을 사용하고, 수를 0으로 나누었을 때 그 값에 대해 고찰하다.
9세기
수 0을 사용했음을 보여주는 가장 오래된 증거가 인도 괄리오르에 있는 한 사원의 석판에 새겨지다.

0의 필요성

직관적으로 보면 0이 명백하게 필요하다고는 볼 수 없다. 학교에서 처음으로 수에 대해 배우기 시작할 때 우리는 1, 2, 3, 4, ...로부터 출발한다. 수는 사물을 세는 데 사용되며 인간이 수를 발명한 것은 바로 그런 이유에서였다. 원래 수는 오늘날 우리가 사용하는 것처럼 순수하게 수학적이며 추상적인 관념과는 거리가 멀었으며, 수는 양 다섯 마리, 나무 열 그루, 어린이 두 명 등 현실 세계에 존재하는 것을 나타내기 위한 것이었다. 수는 단순히 사물의 집합을 가리키는 단어였다. 누군가가 존재하지 않는 것을 표현할 수 있는 수가 필요하다는 개념을 제시하기까지는 꽤 오랜 시간이 걸렸다.

무(無)의 사용

수 0을 사용하는 데에는 두 가지 방법이 있는데, 방법은 다르지만 똑같이 중요하다. 첫 번째 방법은 자릿값 체계에서 빈자리를 표시하는 기호로 사용하는 것이다. 수 2001은 21과 전혀 다르다. 수 2001에서 2가 20이 아닌 2000과 동일한 값이라는 것을 나타내기 위해서는 0이 두 개 필요하다. 두 번째 방법은 0 자체를 하나의 수로 사용하는 것이다.

바빌로니아 설형 문자의 예. 밑에서 네 번째 줄 중간에 있는 두 개의 쐐기 모양이 0의 값을 나타내는 자리 표시 기호로 보인다.

수 체계에서 자릿값의 발명이 당연히 빈자리를 표시하는 기호를 사용하는 것을 뜻한다고 생각할 수도 있다. 하지만 우리가 앞서 살펴보았듯이 바빌로니아에서는 수 세기 동안 0을 사용하지 않고도 아무 문제가 없었다. 바빌로니아인들은 기원전 400년 무렵이 되어서야 지금의 0의 자리에 빈자리를 나타내기 위해 두 개의 쐐기 모양을 표시했다. 다른 모양의 기호들도 사용되었다. 예를 들면 메소포타미아의 쿠시Kush 왕국의 유적지에서 기원전 700년경의 것으로 추정되는 고대 서판이 발견되었는데, 여기에서는 빈자리를 나타내기 위해 자리 표시 기호로 세 개의 고리 모양의 기호가 사용되었다.

어떤 기호가 사용되든지 간에 그 기호는 숫자 사이에만 표시되었고 숫자 끝에는 나타나지 않았다. 0은 수로 사용된 것이 아니라 구두점처럼 사용되었다. 그리고 나타내고자 하는 수가 3이 아니라 30이라는 것을 맥락을 통해 유추했을 거라고 짐작할 수밖에 없다. 이상하게 들릴 수도 있겠지만, 좀 더 이해하기 쉽게 이런 예를 생각해볼 수 있다. 커피 한 잔과 케이크 한 개를 샀을 때 가격이 430이라고 한다면, 누가 설명해 주지 않아도 그 가격이 430파운드가 아니라 4파운드 30펜스라는 것을 이미 알고 있을 것이다.

그리스의 무(無)

그리스인들은 메소포타미아인들과는 달리 수 체계에서 자릿값을 사용하지 않았다. 앞서 살펴봤듯이 그리스인들은 뛰어난 수학자들이었지만 그들의 접근법은 전혀 달랐다. 그리스 수학자들은 근본적으로 기하학을 중심적으로 다루었다. 그들은 두 가지 수 체계를 사용했으며, 숫자만을 나타내는 기호를 사용한 것이 아니라 그리스 문자를 바탕으로 한 수 체계를 사용했다. 그렇기 때문에 수를 사용한 계산을 할 수가 없었으며, 그리스인들은 합을 구하기 위해 작은 패와 같은 것들을 사용한 것으로 추정된다. 그들은 선의 길이와 비율 같은 문제에 훨씬 더 많은 관심을 기울였다.

하지만 예외적으로 그리스의 천문학은 달랐다는 점에 주목할 필요가 있다. 그리스 수학자들은 천문학 자료를 기록할 때 기호 0을 사용했는데, 이것은 오늘날 사용되는 수 0이 최초로 사용된 것이다. 일부 수학사학자들은 그리스인들이 사용한 기호 0이 그리스어로 무(無)를 의미하는 단어 'omicron'의 첫 알파벳인 'o'에서 유래된 것이라고 추정한다. 반면 이 주장에 반대하는 수학사학자들은 문자를 바탕으로 하는 수 체계에서 omicron이 이미 70을 나타내고 있다고 지적한다. 또 어떤 수학사학자들은 그리스인들이 사용한 기호 0이 모래판 위에서 패로 사용되었던, 아무 가치를 가지지 않는 동전 '오볼obol'을 가리킨다고 말한다. 모래판에서 이 패를 치우면 그 칸은 비워지고 모래에는 0처럼 생긴 자국이 남았다. 어떤 주장이 사실이든 자리를 표시하는 기호로서 0의 사용은 확립되지 않았다. 아마도 당연한 결과였겠지만, 결국 0은 사라지게 되었다. 그 후 몇 세기 동안 0은 나타나지 않았다가 인도에서 다시 나타났다.

인도의 수학자들

1881년에 현재 파키스탄에 위치한 바크샬리라는 마을에서 고대 필사본이 발견되었다. 자작나무 껍질 70개로 만들어진 이 문서의 정확한 제작 시기는 알 수 없지만, 서기 400년경 정도로 추정된다. 다양한 수학 규칙이 수록된 이 문서는 오늘날 우리가 사용하는 숫자와 비슷한 형태로 발전한 인도-아라비아 숫자가 기록된 가장 오래된 문서이다. 또한 이 문서에서는 십진법의 자릿값이 처음으로 완전하게 구현되었으며, 0을 나타내는 기호로 점이 사용되었다. 또 이익과 손실의 맥락에서 음수 개념도 포함되어 있다.

브라마굽타

인도의 수학자 브라마굽타Brahmagupta(598~665년경)가 628년에 저술한 『브라마시단타Brahmasiddhanta』는 수학 역사상 가장 중요한 책 가운데 하나이다. 이 책에서 0은 처음으로 빈자리를 나타내는 기호가 아닌 그 자체가 하나의 수로 표현되었다.

브라마굽타는 뛰어난 수학자일 뿐만 아니라 저명한 천문학자였다. 브라마굽타는 『브라마시단타』에서 대수학, 정수론, 그리고 기하학에 대한 중요한 통찰력을 제시했다. 하지만 가장 중요한 것은 이 책에는 브라마굽타가 수 0을 포함하기 위해 확립한 새로운 산술 규칙이 수록되었다는 점이다.

최초의 0

오늘날 사용되는 0의 기호를 사용한 최초의 기록은 876년에 작성된 것으로 추정된다. 석판에 새겨진 괄리오르(Gwalior)라는 마을에 대한 명문에서 이 기호가 발견되었다(이 명문 일부분은 날짜를 가리키는 876으로 번역된다). 이 명문에는 지역 사원에 하루 화환 50개를 헌정할 수 있을 만큼 꽃을 생산하는 정원에 대한 언급이 있다. 0의 모양이 더 작고 약간 위로 올라가 있긴 하지만, 숫자 '50'이 오늘날 사용하는 숫자와 거의 비슷한 모양으로 나타나 있다.

예를 들면 브라마굽타는 한 숫자에서 그 숫자를 빼면 값이 0이 된다고 설명했다. 또한 0을 포함하는 덧셈에 대해 다음과 같은 규칙을 제시했다. 음수와 0을 더한 값은 음수이고, 양수와 0을 더한 값은 양수이며, 0과 0을 더한 값은 0이라고 했다. 뺄셈도 이와 비슷하다.

- 0에서 음수를 뺀 값은 양수이다.
- 0에서 양수를 뺀 값은 음수이다.
- 음수에서 0을 뺀 값은 음수이다.
- 양수에서 0을 뺀 값은 양수이다.
- 0에서 0을 뺀 값은 0이다.

• 0을 0으로 곱한 값은 0이다.

21세기의 발달한 수학을 기준으로 보면 이 모든 규칙이 다소 자명한 것으로 보일 수 있지만, 브라마굽타 이전에는 누구도 이러한 규칙을 생각해내지 못했다는 사실을 염두에 두어야 한다.

음수의 영역

브라마굽타는 0에서 멈추지 않았다. 그는 그 당시까지만 해도 사실상 미지의 영역이었던 음수까지 논했다. 직관적으로 보아 0의 필요성이 크지 않다고 한다면, 음수의 필요성은 과연 얼마나 될까? 예를 들면 상자 안에 어떻게 마이너스 세 개의 바나나가 있을 수 있을까?

고대 바크샬리 필사본과 마찬가지로, 브라마굽타도 자금 관리 측면에서 부채를 나타내기 위해 음수를 사용하며 자신의 주장을 논했다. 바나나가 마이너스 세 개 있다는 것은 내가 다른 사람에게 바나나 세 개를 빚지고 있다는 뜻이었다. 장부에서 0은 수지 균형이 맞는 지점을 가리켰으며, 다시 말해 다른 사람에게 빚이 없음을 의미했다. 브라마굽타는 최초로 양수와 음수, 그리고 0을 완전하

음수. 브라마굽타는 최초로 양수와 음수를 일관된 수 체계로 통합했다.

고 일관된 수 체계로 통합하는 업적을 이루었다.

브라마굽타가 정립한 많은 산술 법칙들 가운데 오늘날에도 학생들이 어려워하는 개념이 있다. 두 개의 음수를 곱하면 양수가 나오고, 양수와 음수를 곱하면 음수가 나온다는 산술 법칙이다.

0을 이용한 나눗셈이라는 난제

브라마굽타는 0으로 나누는 주제에 대해서는 거의 논하지 않았으며, 오히려 0으로 나눈다는 생각을 이해하지 못한 것으로 보인다. 이 점은 그리 놀라운 일은 아니다. 0으로 나눈다는 것은 어떤 뜻인가? 만약 나에게 바나나가 열두 개 있는데, 이 바나나들을 각각 바나나 0개가 들어 있는 묶음으로 나누면 나에게는 몇 개의 묶음이 남게 될까? 830년에 마하비라Mahavira는 브라마굽타의 책을 바탕으로 이에 관한 주장을 제시했다. 마하비라는 어떤 수를 0으로 나누면 그 수는 변하지 않는다고 썼지만, 그것은 분명히 사실이 아니다.

그로부터 300년이 지난 후, 바스카라Bhaskara는 0으로 나누는 문제에 대해서 고심했다. 바스카라는 이렇게 결론을 내렸다. '0으로 나누면 그 양은 분수가 되며 분모는 0이다. 이 분수는 무한량이다.' 물론 이것 역시 잘못된 사실이다. 만약 이 진술이 사실이라면 0을 무한대로 곱한 값은 존재하는 모든 수와 동일하게 되는데, 이것은 터무니없는 것이다. 인도의 수학자들이 0으로 나누는 문제에 대해서 '부정'이라고 말한 것으로 볼 때 그들은 0을 이용한 나눗셈이 무의미하다고 인정하지는 않은 것 같다.

0은 우리의 영웅

고대 수학자들은 0을 받아들이는 데 주저했을지도 모르겠지만, 오늘날에는 0 없이 산다는 것은 상상하기가 어렵다. 현대 과학과 수학은 0 없이는 성립될 수가 없다. 온도계에는 0도가 표시되어 있고, 0을 중심으로 음수와 양수가 구별되며, 0은 그래프상에서 축이 교차하는 지점이다. 우리는 매우 큰 수와 매우 작은 수를 나타내기 위해 자리를 표시하는 기호로서 0을 사용한다. 컴퓨터의 기초가 되는 이진법 체계에서 0은 '오프off' 상태를 가리킨다. 일상 대화에서조차 '초점을 맞추다zero in on something', '개시 시간zero hour을 기다리다', 그리고 '무관용zero tolerance을 보여주다'라는 표현을 사용한다. 아무 값이 없는 0이지만 이렇게 중요하다!

"수학적 발견의 원동력은 추론이 아니라 상상력이다."

"The moving power of mathematical invention is not reasoning but imagination."

⋮

아우구스투스 드모르간Augustus De Morgan

$x = -b\pm$
n
$k=0$
$\binom{n}{k}$

Chapter

07

대수학, 미지수를 해결하다

대수학은 미지의 양을 다룰 때 방정식(본질적으로 수학적 난제)을 풀 수 있는 과학이다. 화학 방정식과 마찬가지로 수학 방정식에서도 좌변과 우변은 같아야 한다. 따라서 한쪽 변에 무엇이 있는지를 알고 있다면, 당연히 다른 변에 무엇이 있는지 알 수 있다. 오늘날 대수학은 컴퓨팅, 금융, 과학 등 많은 실용적인 분야에서 응용되고 있다.

대수학의 기원은 고대 이집트와 바빌로니아의 수학으로 거슬러 올라간다. 하지만 대수학이 번성할 수 있게 한 것은 중세 아라비아 수학자인 무하마드 이븐 무사 알 콰리즈미Abu Abdullah Muhammad ibn Musa al-Khwarizmi가 쓴 책이었다. 이후 르네상스 시대의 수학자들이 삼차방정식의 해법을 발견하고 데카르트가 대수학과 기하학을 연계하려고 노력하면서 대수학이 더 발전되었다.

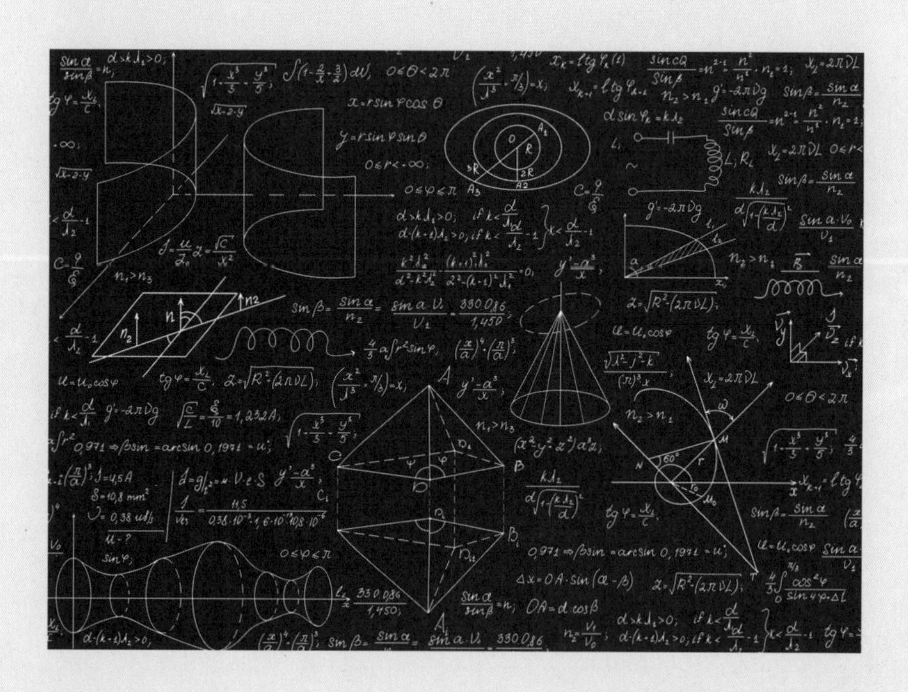

대수학 연대표

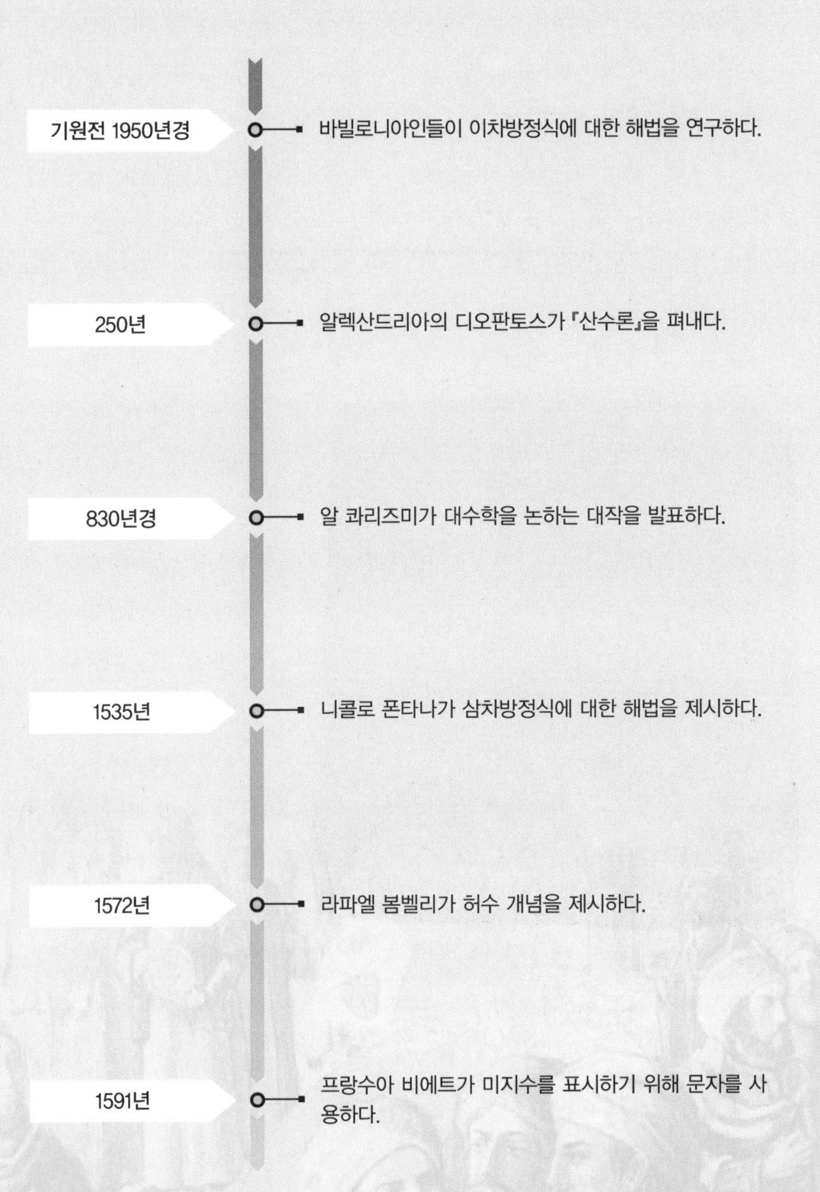

기원전 1950년경	바빌로니아인들이 이차방정식에 대한 해법을 연구하다.
250년	알렉산드리아의 디오판토스가 『산수론』을 펴내다.
830년경	알 콰리즈미가 대수학을 논하는 대작을 발표하다.
1535년	니콜로 폰타나가 삼차방정식에 대한 해법을 제시하다.
1572년	라파엘 봄벨리가 허수 개념을 제시하다.
1591년	프랑수아 비에트가 미지수를 표시하기 위해 문자를 사용하다.

초기 방정식

대수학으로 알려지지는 않았지만, 방정식을 푸는 문제는 오래전부터 논의되어 왔다. 현재 남아 있는 수학 문서 중에서 가장 오래된 린드 파피루스(28쪽 참조)는 이집트인들이 $4x+3x=21$과 같은 미지수를 갖는 간단한 방정식을 풀 수 있는 능력을 갖추고 있었다는 증거를 확실히 보여준다. 더 실용적인 측면에서, 이집트의 수학자들은 전답의 둘레와 넓이를 이미 알고 있을 경우에 그것을 바탕으로 전답의 길이와 폭을 계산할 수 있었다. 하지만 문제를 푸는 과정은 구두로 진행되었으며 그 과정에서 기호는 사용되지 않았다.

바빌로니아 점토판에 묘사된 수학 문제 풀이 과정. 전답의 넓이를 구하는 문제로, 풀이 과정에는 이차방정식이 포함된다.

오늘날 남아 있는 점토판은 바빌로니아인들이 미지수에 제곱(이차방정식)과 세제곱(삼차방정식)이 포함된 방정식을 풀 수 있었다는 사실을 보여준다. 이러한 문제에서 해를 구하기 위해서는 따라야 할 과정이 있었지만 유사한 문제를 풀 수 있는 일반적인 규칙을 확립하려는 시도는 이루어지지 않았다. 이집트의 방정식 문제들과 마찬가지로, 바빌로니아의 방정식 문제들도 대부분 추상적인 난제가 아니라 땅을 나누는 것과 같은 현실적인 상황을 다루었다.

그리스인들은 수학에 대해 기하학 중심의 접근법을 채택했으며 대수학과 방정식 문제의 역사에서 그리스 수학이 큰 부분을 차지하지는 않는다. 그리스인들은 계산에서 기호를 사용하지 않았으며, 그리스의 수학적 개념에서 방정식이라는 개념은 상당히 낯선 것이었다.

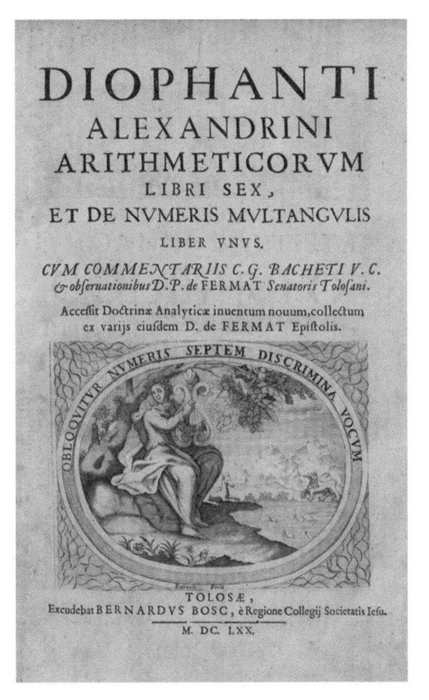
DIOPHANTI
ALEXANDRINI
ARITHMETICORVM
LIBRI SEX,
ET DE NVMERIS MVLTANGVLIS
LIBER VNVS.
CVM COMMENTARIIS C.G. BACHETI V.C.
& obseruationibus D.P. de FERMAT Senatoris Tolosani.
Accessit Doctrinæ Analyticæ inuentum nouum, collectum
ex varijs eiusdem D. de FERMAT Epistolis.

TOLOSÆ,
Excudebat BERNARDVS BOSC, è Regione Collegij Societatis Iesu.
M. DC. LXX.

1670년 판 디오판토스의 『산수론』 표지

3세기 그리스의 수학자 알렉산드리아의 디오판토스Diophantus는 오늘날 우리가 일차방정식 또는 이차방정식이라고 하는 문제를 푸는 데 있어서 독창적인 방법을 발명하여 대수학에 기여한 고대 혁신가이다. 그러나 디오판토스는 여전히 그리스 수학 개념을 고수했다. 그리스 수학에서는 음수나 0의 개념이 부재했으므로 디오판토스에게 음수 해를 갖는 문제는 단순히 터무니없는 것에 불과했다. 앞서 이집트인들과 바빌로니아인과 마찬가지로 디오판토스도 특정 문제에 대해서 임시방편의 해법을 제시했으며, 방정식 문제를 풀기 위해 일반적으로 적용되는 기법을 확립하려는 시도는 하지 않았다. 디오판토스는 문제를 풀면서 해가 여러 개가 나오는 경우가 많았음에도, 심지어는 해가 무한대로 나오는 경우가 있더라도, 처음 해를 구하고 나면 그 문제를 더는 다루려고 하지 않았다.

디오판토스가 이룬 업적은 일종의 기호 체계를 도입한 것이다. 하지만 이것은 사용을 편리하게 하기 위해 축약형으로써 사용된 것이었다. 오늘날 수학자가 방정식 문제를 풀기 위해 사용하는, 방정식 내에서 새로운 질서를 구축할 수 있는 일련의 유연한 기호의 집합으로서의 역

바이트 알히크마 상상도

할은 하지 못했다. 디오판토스의 『산수론Arithmetica』은 방정식에 대한 해법을 제시하는 문제를 편찬한 책으로, 그리스의 모든 수학 서적 중에서 가장 분명하게 대수학을 다룬 책이다.

7세기 중반부터 13세기 중반까지 이슬람의 황금시대에 고대 그리스와 힌두의 수학 지식이 아랍어로 번역되면서 그리스와 인도의 수학이 이슬람 세계로 전파되었다. 아랍의 학자들은 인도와 세계 다른 지역에서 도입한 방법과 사상을 한데 모아 그것을 더욱 개선하고 혁신하여 이슬람 문화의 수학과 천문학을 발달시켰다.

가장 중요한 혁신가 중 한 명인 알 콰리즈미Al-Khwarizmi는 바그다드에 위치한 전설적인 '바이트 알히크마bait al-hikma(지혜의 집)'의 학자로, 천문학자, 지리학자, 수학자로 명성을 떨쳤다. 830년경, 알 콰리즈미는 『복원과 대비의 계산Al-kitāb al-mukhtasarfī hisāb al-ğabr wa'l-muqābala』을 펴냈다. 이 과정에서 'al-ğabr'라는 문구가 전해졌고, 이것은 라틴어로 '알지브라algebra(대수학)'로 번역되었다. 알 콰리즈미는 숫자 열에 빈자리를 남겨두는 대신 작은 원을 자리 표시 기호로 사용하는 방법을 채택하게 되는데, 이 방법은 그가 힌두 문서에서 배웠을 것으로 추정된다. 아랍인들은 이 원을 비어 있다는 뜻의 아랍어 '시프르sifr'라고 불렀는데, '시프르'에서 0이라는 뜻의 단어 '사이퍼cypher'와 '제로zero'가 유래되었다.

알 콰리즈미는 '산술에서 가장 쉽고 가장 유용한 것'을 가르치겠다는 분명한 의도로 이 책을 저술했다. 당시 일반적 관행대로 알 콰리즈미의 대수학 접근법은 수사적이었다. 다시 말해, 기호 표시를 전혀 사용하지 않고 완전한 산문 형태로 대수학을 표현했다. 알 콰리즈미는 이후 수학자들이 x라고 표기하게 된 미지수를 가리켜 '그것'이라는 뜻의 단어 '샤이shay'라고 불렀다.

실용적인 문제를 중점적으로 다루기 위한 해법만을 제시한 이집트 수학자들이나 디오판토스와는 달리, 알 콰리즈미는 추상적인 원리의 측면에서 이 주제에 접근했다는 점에서 새로운 지평을 열었다. 알 콰리즈미는 아마 처음으로 방정식에 대해 진지한 분석을 제시함으로써 당시 과학자들과 관료들이 실용적 문제와 재정적 문제를 해결하기 위한 도구로 이를 사용할 수 있는 발판을 마련해주었다.

알 콰리즈미에서 알고리즘으로

대수학에 관한 알 콰리즈미의 책은 라틴어로 번역되었고, 인도 십진법을 다룬 알 콰리즈미의 다른 저서와 함께 매우 광범위하게 전파되어 알 콰리즈미라는 이름은 과학과 수학 언어의 일부가 되었다. 알 콰리즈미(Al-Khwārizmī)는 '알초아리즈미(Alchoarismi)'가 되었고 '알고리즈미(Algorismi)'가 되었다가 결국에는 '알고리즘(algorithm)'이 되었다. 알고리즘은 계산이나 문제 풀이 과정에서 따라야 할 일련의 규칙을 가리키는 것으로, 알 콰리즈미 역시 이러한 규칙 개발에 매우 능숙했다. 알 콰리즈미가 태어난 지 수 천 년이 지난 뒤에도 모든 컴퓨터 프로그램은 알고리즘을 인코딩하고 있을 것이다.

복원과 대비

중세 스페인에서 이발소는 "Algebrista y Sangrador"라는 광고를 했다. 이것은 이발소에서 수학 문제를 풀어주겠다는 뜻이 아닌 '접골과 방혈Bonesetter and Bloodletter'이라는 뜻이다. 즉, 면도와 이발과 더불어 이발사의 기술을 광고한 것이다. 'Algebrista'라는 단어는 뿌리는 아랍어 al-ǧabr에 그 어원을 두며, 복원 또는 재결합이라는 뜻이다. 알 콰리즈미는 저서 『복원과 대비의 계산』에서 복원을 $x=y-z$가 $x+z=y$이 되는 과정으로 묘사했다. 다시 말해, 음의 항을 등호를 기준으로 반대쪽으로 옮기면 양의 항이 된다. 대비는 방정식 $x=y+z$가 $x-z=y$로 바뀌는 과정이다. 이 두 가지 예 모두 방정식의 한 변에서 일어나는 일이 다른 변에서도 반드시 일어난다는 일반적인 규칙을 보여준다. 첫 번째 방정식에서는 양변에 z를 더했고 두 번째 방정식에서는 양변에서 z를 뺐다.

알 콰리즈미가 그려진 우표

미지수 X

프랑스의 수학자 프랑수아 비에트(François Viéte, 1540~1603)는 방정식에서 계수와 미지수를 나타내기 위해 1591년에 처음으로 문자를 사용했다. 이것은 추상적 공식과 일반적 규칙의 측면에서 생각을 표현할 수 있는 새로운 유형의 대수학이 시작된다는 것을 의미했다.

오늘날 우리가 사용하는 표준 대수 기호는 르네 데카르트(René Descartes)가 그의 저서 『기하학(La géométrie)』(139쪽 참조)에서 도입한 것이다. 데카르트는 기지수에 대해서는 a, b, c 등의 알파벳 첫 글자들을 사용했고, 미지수에 대해서는 x, y, z를 사용했다. 『기하학』이 조판에 들어갔을 때 조판공은 조판에 사용할 글자가 부족하다는 걸 알고 데카르트에게 x, y, z를 사용할 때 차이가 있는지 물었다. 데카르트는 세 글자 중 아무거나 사용해도 좋다고 대답했고, 조판공은 x가 다른 곳에서 가장 적게 사용되었기 때문에 x를 사용하기로 했다. 이 익명의 조판공이 내린 결정으로 우리는 엑스레이(X-rays), 엑스파일(X-Files), X 인자(X Factor)라는 명칭을 사용하게 되었다.

변수 x

x를 비롯한 자리 표시 기호들은 미지수를 나타낼 뿐만 아니라 변하는 값을 나타내기 위해 사용될 수 있다. 그리고 대수 방정식은 사물의 작동 방식에 대해 일반적인 규칙을 정립하고자 하는 과학자들에게 상당히 유용하다. 그 예로 뉴턴의 가속도 법칙인 $F=ma$를 들 수 있다. 여기서 F는 힘(force), m은 질량(mass), a는 가속도(acceleration)이며, 이 공식은 힘의 크기는 가속도와 질량의 곱이라는 뜻이다. 우리는 이 세 가지 값이 항상 서로 일정한 관계를 유지한다는 것을 알고 있기 때문에, 어떤 특정한 상황에서 두 개의 값을 바탕으로 나머지 값을 계산할 수 있다.

알 콰리즈미가 발견한 이차방정식 해법은 오늘날에도 여전히 고등학교에서 학습되고 있다. 혹시 이 공식을 기억하지 못하거나 수업 시간에 집중하지 않았다면, 다음 공식을 참조하자.

$$ax^2+bx+c=0$$

여기서 a, b, c는 임의의 수이고, 해는 다음 등식으로 설명된다.

$$x=\frac{-b\pm\sqrt{b^2-4ac}}{2a}$$

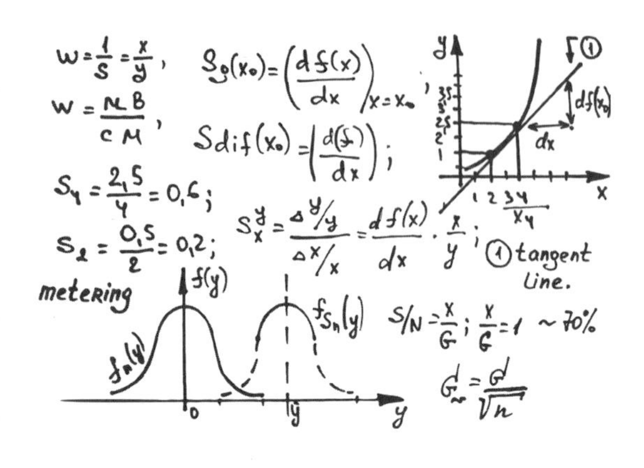

대수 기호의 예

알 콰리즈미의 공식을 사용하면 어떠한 이차방정식도 풀 수 있다. 하지만 이렇게 간단하게 풀 수 없는 방정식 유형도 있다. 삼차방정식은 x^3 항이 포함되며 세 개의 해를 가진다. 그리고 사차방정식은 x^4 항이 포함되며 네 개의 해를 가지고, 이 외에도 더 많은 고차방정식이 존재한다. 따라서 수학자들은 지속적으로 방정식 문제의 해법을 연구했다. 오늘날 시집 루바이야트Rubáiyát를 통해 시인으로 더 잘 알려진 우마르 하이얌Omar Khayyam은 1070년에 『대수학 문제의 증명에 관한 논문Treatise on Demonstration of Problems of Algebra』을 저술하면서 중대한 진보를 이루었다. 하이얌은 이 논문에서 원뿔곡선을 이용해 풀 수 있는 삼차방정식을 정의했다. 하지만 풀어야 할 방정식은 여전히 많이 남아 있다.

삼차방정식 대회

르네상스 시대에는 수학자들 간의 경쟁이 매우 치열했다. 수학자들은 공개 경시대회에 출전하여 다른 수학자들에게 풀기 어려운 문제를 제시하며 서로에게 도전했다. 명성을 얻거나 잃을 수도 있었고, 거금을 벌거나 잃을 수도 있었다. 이러한 경쟁적인 경시대회의 장점은 이를 통해 삼차방정식 해법에 진정한 진전이 이루어졌다는 점이다.

경시대회에 많은 이해관계가 걸리게 되면서 새로운 해법은 비밀에 부쳐졌다. 스키피오네 델 페로Scipione del Ferro(1465~1526)는 삼차방정식의 해법을 발견했다고 알려져 있다. 하지만 당시 치열하고 경쟁적인 분위기 속에서 이러한 해법은 경시대회에서 상대 수학자를 이길 수 있는 우위를 줄 수 있는 매우 큰 가치를 지닌 것이었다. 그래서 스키피오네는 자신의 해법을 비밀에 부쳤다. 스키피오네는 사망하기 전 이 해법을 제자 안토니아 마리아 피오르Antonio Maria Fior를 비롯한 극소수의 사람들에게만 전했다. 그리고 피오르조차도 세 가지 형태의 삼차방정식 해법 중에서 단 한 개만 들을 수 있었다.

말더듬이 니콜로

니콜로 폰타나Niccolò Fontana(1499~1457)는 이탈리아 브레시아 출신으로, 독학으로 공부한 수학자였다. 폰타나는 12살이었을 때 칼에 맞아 입에 상처를 입게 되었고 그로 인해 언어 장애가 생겼다. 그 후로 그는 말더듬이라는 뜻의 '타르탈리아'라고 불렸다. 폰타나는 수학에 중대한 공헌을 했는데, 그중 하나가 그리스어로 저술된 유클리드의 책을 이탈리아어로 번역하면서 기존에 아랍어로 된 유클리드의 책이 번역되는 과정에서 생긴 오류를 바로잡은 것이다. 하지만 폰타나는 경시대회에서 선보인 수학 실력으로 더 큰 명성을 얻었다. 1535년에 폰타나는 삼차방정식 문제를 두고 스키피오네의 제자 안토니아 마리아 피오르와 겨루었다.

QVESITI,
ET INVENTIONI
DIVERSE
DE NICOLO TARTAGLIA,
Di nouo reſtampati con vna Gionta al ſeſto libro, nella quale ſi
moſtra duoi modi di redur vna Città ineſpugnabile.
La diuiſione, & continentia di tutta l'opra nel ſeguente foglio ſi
trouarà notata.

니콜로 폰타나 '타르탈리아'

수학 경시대회는 각 선수가 상대방에게 문제를 내고 이 문제를

40~50일 안에 풀어서 답을 제출하는 방식이었다. 피오르는 $x^3+ax=b$의 삼차방정식 문제를 냈다. 이 문제의 해법은 스키피오네가 피오르에게 알려준 것으로, 피오르는 이 비밀을 아는 사람은 자기밖에 없을 거라고 확신했다.

공교롭게도 피오르가 문제를 낼 때만 해도 그것은 사실이었지만, 답을 제출해야 하는 기한을 약 일주일 앞두고 폰타나는 영감을 얻게 된다. 폰타나는 피오르가 낸 문제의 답을 구했을 뿐만 아니라 모든 유형의 삼차방정식에 적용될 수 있는 일반적인 해법을 찾아냈다. 이것은 괄목할 만한 위업이었다. 그때까지만 해도 대부분의 수학자들은 삼차방정식을 푸는 것은 불가능한 일이라고 선언했다. 당시 의심이 난무했던 분위기 탓에 타르탈리아는 다른 수학자들이 자신의 해법을 훔쳐가지 못하도록 하려고 그 해법을 시 형태로 암호화했다.

카르다노의 배신

당연히 폰타나의 획기적인 발견은 주목을 받았다. 관심을 보인 사람 중에는 지롤라모 카르다노Gerolamo Cardano(1501~1576)도 있었다. 카르다노는 훌륭한 수학자이자 의사이면서 동시에 매우 열정적인 도박꾼(106쪽 참조)이었다. 카르다노는 폰타나로부터 삼차방정식의 비밀을 알아내려고 노력했다. 처음에는 폰타나로부터 거절당했지만, 카르다노는 가난한 폰타나에게 부유한 후원자를 소개해주기로 약속하고 그에게서 해법을 알아내는 데 성공했다.

카르다노는 명석한 제자인 로도비코 페라리Lodovico Ferrari(1522~1565)와 함께 폰타나의 해법을 확장하기 위해 노력했다. 페라리는 비슷한 방법을 사용해 사차방정식(x^4을 포함한 항을 가진 방정식)도 풀 수 있다는 것을 알게 되었다.

수학의 범위를 기하학에 기초한 것으로 한정한다면 그리스인들은 사차방정식을 이해할 수 없는 것으로 여길 것이다. 만약 제곱이 넓이를 나타내고 세제곱이 부피를 나타낸다면, 네제곱은 4차원의 기이한 것에 해당했을 것이다.

카르다노는 폰타나에게 그의 해법을 공개하지 않겠다고 약속했다. 그런데 그는 우연히 페라리의 삼차방정식 해법을 보게 되었고, 페라리가 폰타나보다 먼저 그 해법을 발견했다는 사실을 알게 되었다. 카르다노는 이렇게 되면 합법적으로 폰타나와 한 약속을 지키지 않아도 된다고 주장했고, 카르다노는 1545년에 출간한 저서 『위대한 술법Ars magna』에 폰타나의 삼차방정식 해법과 페라리의 사차방정식 해법을 포함시켰다. 카르다노는 저서에서 폰타나와 페라리의 공로를 인정했지만, 폰타나는 분노했고 이 책의 출판을 두고 카르다노와 전쟁을 시작했다.

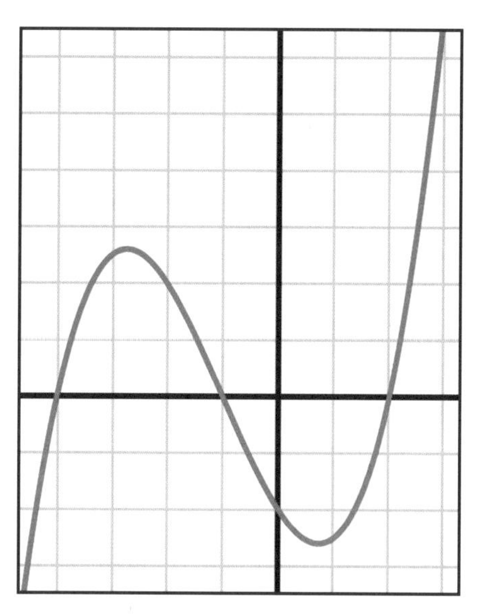
삼차방정식은 일반적으로 이러한 모양의 그래프를 갖는다.

페라리의 삼차방정식과 사차방정식 해법은 폰타나의 것을 능가했다. 페라리와 폰타나는 다음 경시대회에서 대결하게 되었고, 폰타나는 자신이 이길 수 없다는 것을 깨닫고 경쟁에서 물러났다. 폰타나의 명성에는 흠집이 생겼고, 그는 사실상 실직하게 되어 결국에는 빈곤 속에서 아무도 모르게 죽음을 맞이했다. 삼차방정식 해법은 대체로 폰타나의 해법이 아니라 카르다노의 해법으로 알려지면서 폰타나의 사망 후 오늘날까지도 그의 명성은 회복되지 않았다.

허수

카르다노가 삼차방정식을 연구하면서 맞닥뜨렸던 문제 중 하나는 공식에 음수의 제곱근이 종종 포함되었다는 점이다. 이것은 불가능한 것으로 보였다. 모든 음수는 제곱하면 양수가 되는데 어떻게 음수의 제곱근이 있을 수 있을까? 다시 말해서 방정식 $x^2=-1$은 해를 갖지 않는다.

그런데도 카르다노와 다른 대수학자들은 삼차방정식과 사차방정식을 연구하면서 $\sqrt{-1}$과 같은 표현이 매우 높은 빈도로 나타난다는 것을 발견했다. 어딘가에서 뭔가를 잘못한 것일까? 어떤 때는 계산을 계속해서 되풀이하다보면 -1로 대체할 수 있는 $\sqrt{-1}\times\sqrt{-1}$과 같은 표시가 나타나기도 했다. 신기하게도 이런 불가능한 방식으로 구한 해는 여전히 정확했다.

라파엘 봄벨리Rafael Bombelli는 1572년에 출판한 저서 『대수학L'Algebra』에서 이 문제를 해결했다. 이 책에서 봄벨리는 $\sqrt{-1}$과 같은 수를 포함한 확장된 수 체계 규칙을 제시한다. 이후 르네 데카르트는 이러한 수는 '상상의imaginary' 수라며 무시했고, 따라서 '허수imaginary number'라는 이름이 만들어지게 되었다. 허수가 여전히 실제 수로 인정되지는 않았지만, 당시 수학자들은 봄벨리의 규칙이 타당하다고 인정하여 좀 더 확신을 가지고 허수에 대해 연구하기 시작했다.

허수 i

18세기 위대한 수학자인 레온하르트 오일러Leonard Euler(177~178쪽 참조)가 $\sqrt{-1}$에 'i', 즉 '허수 단위imaginary unit'라는 이름을 붙인 것이 오늘날에도 사용되고 있다. 다른 허수로는 i의 배수가 있다. 봄벨리의 수 체계에는 또 다른 유형의 수도 포함되어 있다. 즉, 실수(5, -3, π 등)와 허수 그리고 복소수이다. 복소수는 $a+bi$의 형태로 실수와 허수의 결합으로 표현된다. 이때 a와 b는 임의의 실수이며 $i=\sqrt{-1}$이다.

궁극적으로 수학자들은 복소수의 영역을 더 탐구하면서 그들이 발견한 해법 도구가 얼마나 강력한 것인지를 깨닫기 시작했다.

복소 기하학

복소수complex number는 수학에 혁명을 가져왔다. 1797년 카를 프리드리히 가우스Carl Friedrich Gauss(1777~1855)(180쪽 참조)는 실수real number로 이루어진 임의의 방정식을 복소수를 사용하여 풀 수 있다는 증거를 발표했다. 그러나 가우스 이론에는 결함이 있었다. 복소수로 이루어진 방정식은 어떻게 되는가? 복소수 방정식의 해법에는 더 확장된 수 체계가 필요하지 않을까?

1806년에 장 아르강Jean Robert Argand은 특히 명쾌하고 통찰력 있는 방식으로 이 문제를 해결했다. 임의의 복소수 z는 명시된 바와 같이 $a+bi$ 형태로 나타낼 수 있다. 여기서 a는 z의 실수부이며 bi는 z의 허수부이다. 아르강은 수 체계를 기하학적인 표현으로 나타낼 수 있다는 것을 깨달았다. 만약 (a, b)를 데카르트의 좌표에 놓고 생각해보면 복소수를 기하학적으로 탐구할 수 있게 된다. x축이 실수를 나타내고 y축이 허수를 나타낼 경우, x축과 y축 사이의 평면 전체가 복소수의 영역이 되는 것이다. 이렇게 복소수를 표현한 것을 아르강 다이어그램Argand diagram이라고 한다. 이 표현에서 i는 평면의 90° 회전으로 해석된다.

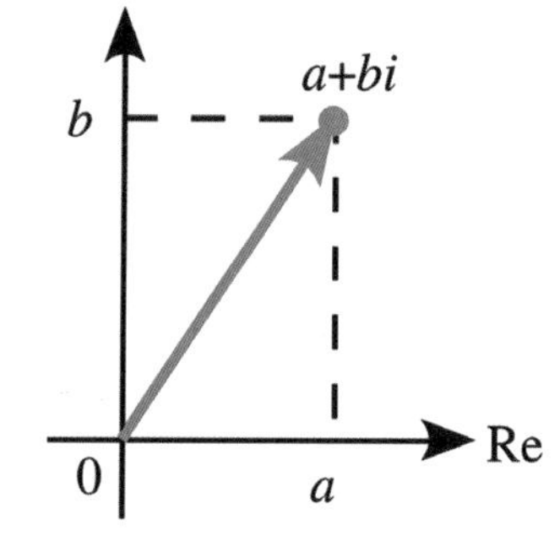

아르강의 복소수 방정식 도표

아르강은 복소수로 이루어진 모든 방정식에 대한 해법을 이 다이어그램에 표현된 복소수 중에서 찾을 수 있다는 것을 증명했다. 수 체계를 확장할 필요는 없었다.

Chapter

08

원근법으로 바라보기

어떻게 2차원 평면 이미지에 깊이가 있다는 착각을 만들어낼 수 있을까? 그에 대한 대답은 선 원근법linear perspective을 사용하는 것이다. 원근법은 이차원 평면에서 물체가 입체적으로 보이도록 하는 사실적 묘사를 위한 미술이면서 그에 관한 수학이다. 15세기 이탈리아 피렌체의 건축가인 브루넬레스키Brunelleschi는 처음으로 투시도perspective drawing의 원리를 확립했다. 사영기하학은 평면 위 물체의 사영에 대한 연구를 뜻하며, 지라르 데자르그Girard Desargues(1591~1661)에 의해 정립되었다.

원근법은 이차원 평면에 입체감을 준다.

원근법 연대표

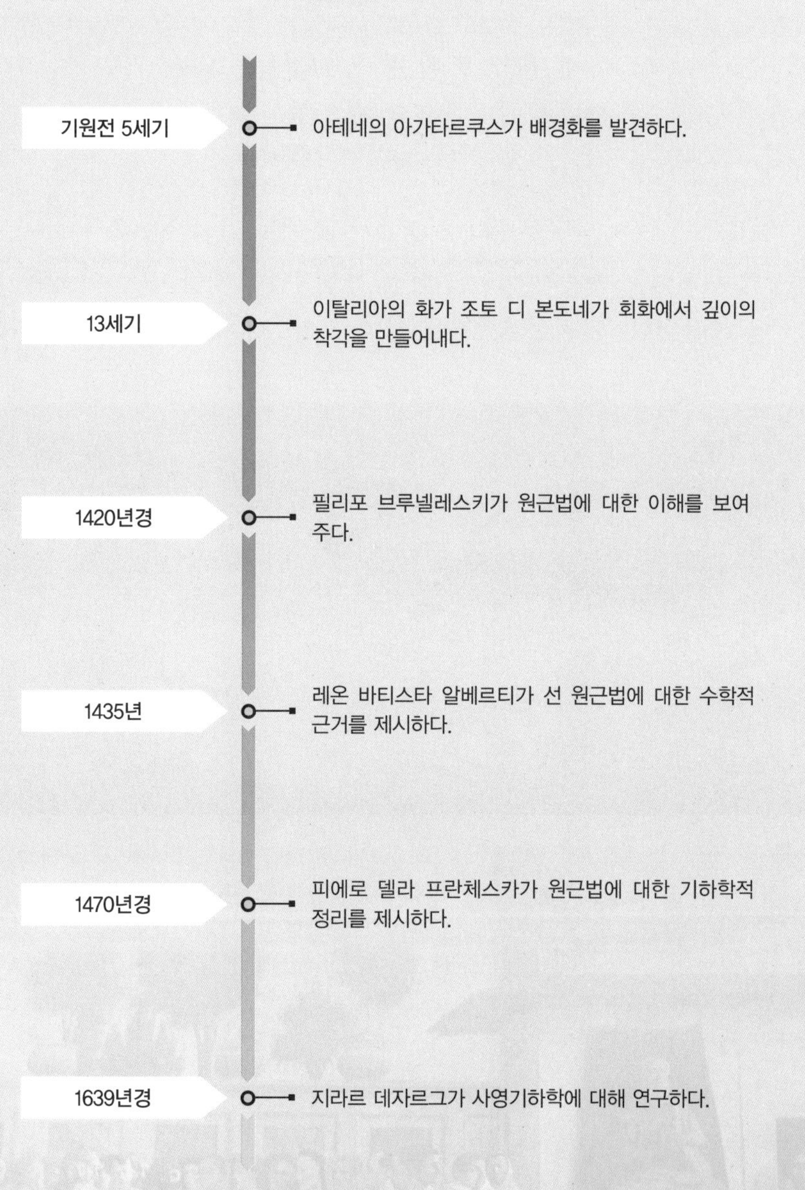

- **기원전 5세기** — 아테네의 아가타르쿠스가 배경화를 발견하다.
- **13세기** — 이탈리아의 화가 조토 디 본도네가 회화에서 깊이의 착각을 만들어내다.
- **1420년경** — 필리포 브루넬레스키가 원근법에 대한 이해를 보여주다.
- **1435년** — 레온 바티스타 알베르티가 선 원근법에 대한 수학적 근거를 제시하다.
- **1470년경** — 피에로 델라 프란체스카가 원근법에 대한 기하학적 정리를 제시하다.
- **1639년경** — 지라르 데자르그가 사영기하학에 대해 연구하다.

착각의 미술

"자, 마지막으로 한 번 더. 이것들은 작다…
하지만 저 멀리 있는 것들은. 작은 것… 멀리 있는 것…"
파더 테드, 영국 TV 코미디

그리스인들은 연극 무대와 배경에서 '스케노그라피아skenographia' 또는 '일루저니즘illusionism'이라고 하는 현실적인 효과를 내는 데 많은 관심을 기울였다. 기원전 5세기에 이미 그리스에서는 아테네의 아가타

그리스 에피다우로스 극장의 연극 무대에서 스케노그라피아는 거의 분명히 사용되었을 것이다.

르쿠스Agatharchus와 같은 화가가 원근법을 표현하는 기법을 논했다. 아가타르쿠스는 자신의 수렴적 원근법 사용에 대해 논평까지 썼으며, 그리스 기하학자들은 그 효과를 분석하려고 시도했다. 하지만

원근법이 사용된 폼페이 모자이크 디자인

그들이 원근법을 나타내는 수학적 원리를 이해했다는 증거는 없다. 비슷한 기법의 원근법 미술이 폼페이의 벽화에서도 사용되었다.

하지만 모든 문화에서 사물을 사실적으로 묘사하는 데 관심이 있었던 것은 아니다. 예를 들어 이집트인들은 미술에서 원근법을 무시했다. 이집트인들에게는 인물의 크기를 사회적 지위에 따라 다르게 나타내는 것이 중요했다. 이와 비슷하게 서기 5세기에서 15세기까지 비잔틴 미술 역시 원근법을 무시했으며, 17세기 중국의 회화에서만 원근법의 중요성이 부각되었다.

원근법과 르네상스

조토의 원근법 사례

선 원근법linear perspective은 사물이 멀리 있을수록 더 작아 보이고, 평행선과 평면이 관찰자로부터 멀어지면서 멀리 떨어진 소실점vanishing point에서 수렴된다는 사실을 토대로 한다. 13세기의 화가 조토 디 본도네Giotto di Bondone는 주로 사선을 사용하여 깊이감을 연출했다. 관찰자의 시선보다 위에 있는 사물은 아래로 비스듬히 내려오게 그린 반면, 관찰자의 시선 아래에 있는 사물은 위로 비스듬히 올라가게 그렸다. 옆으로 그어진 선은 중심을 향해 기울어졌다. 조토의 작품을 기하학적으로 분석해보면 조토는 소실점을 정확하게 사용하지는 못했다는 것을 알 수 있다. 아마도 조토가 이러한 효과를 얻을 수 있었던 것은 선 원근법에 대해 확실히 이해했기 때문이 아니라 단순히 관찰력이 뛰어났기 때문으로 보인다.

브루넬레스키와 알베르티

필리포 브루넬레스키Filippo Brunelleschi(1377~1446)는 최초로 원근법을 수학적으로 이해한 사람으로 여겨지며, 대표적 작품인 피렌체 대성당의 돔으로 가장 잘 알려져 있다. 브루넬레스키는 평면 위의 모든 평행선이 하나의 소실점으로 수렴되어야 하며, 이 소실점은 보이지 않는 경우가 많다는 사실을 이해했다. 그가 축척을 이해하고 있었다는 점도 중요하다. 브루넬레스키는 캔버스 면에서 관찰자가 사물에서 얼마나 떨어져 있느냐에 따라 실제 사물의 길이와 회화에서 나타나는 사물의 길이가 변화하는 관계를 정확하게 계산했다. 건축가인 브루넬레스키는 기하학과 측량에 뛰어났으므로 이러한 능력을 바탕으로 원근법을 잘 이해할 수 있을 것이라고 생각된다.

브루넬레스키의 시연

1420년 무렵, 브루넬레스키는 고향에서 자신이 확립한 수학 원리를 사용하여 원근법의 힘을 단순하면서도 극적인 방식으로 대중에게 선보였다. 먼저 브루넬레스키는 작은 나무 판넬에 산 조반니 세례당을 그렸다. 그런 다음 그는 판넬 가운데를 관통하는 구멍을 뚫었는데, 어느 목격자는 그 구멍을 '렌틸콩 크기'만 한 구멍이라고 말했다. 그는 성당 앞 광장에 사람들을 불러 모아 세우고는 판넬 뒤에서 구멍을 들여다보도록 했다. 그러고는 사람들에게 구멍을 계속 들여다보는 동안 판넬 앞에 거울을 들어 비추도록 했다. 그러자 판넬에 그려진 성당이 완벽한 원근법에 의해 반사되어 나타났고 실제 성당과 매우 똑같아 보였다. 안타깝게도 브루넬레스키의 그림은 보존되지 못했다. 하지만 브루넬레스키의 수학 원리를 사용한 동시대 화가인 마사초(Masaccio)의 프레스코화는 아직 남아 있다.

브루넬레스키가 실용적인 측면에서 원근법에 정통했다는 사실은 분명하지만, 그는 자신의 규칙이 어떤 원리인지 설명하지는 못했다. 이

산 조반니 세례당. 브루넬레스키는 세례당 그림을 사용해 반사된 원근법을 피렌체 사람들에게 시연했다.

탈리아의 레온 바티스타 알베르티Leon Battista Alberti(1404~1472)는 두 가지 유형의 독자를 겨냥해 저술한 두 권의 책에서 최초로 선 원근법에 대한 자신의 생각을 피력했다. 한 권은 1435년에 라틴어로 출간된 『회화론De pictura』으로 이 책은 학자들을 대상으로 했으며, 다른 한 권은 브루넬레스키에게 헌정한 『회화론Della pittura』으로 일반 대중을 대상으로 했다. 알베르티는 사업가인 아버지로부터 수학 교육을 받았으며 수학 원리를 실생활에 응용하는 것을 매우 즐겼다. 알베르티는 "특히 수학 연구와 그 입증을 유용하고 실용적인 것으로 바꿀 수 있을 때 그것만큼 즐거운 것은 없다."고 하였다.

『회화론De pictura』은 세 부분으로 구성되며, 첫 번째 부분에서는 원근법을 수학적으로 설명한다. 알베르티가 내린 회화의 정의를 보면 그가 원근법을 제대로 이해하는 것을 얼마나 중요하게 생각했는지 알 수 있다. 알베르티는 회화를 다음과 같이 정의했다. "회화는 주어진 표면에서 선과 색을 가진 예술로 표현되고, 중심과 빛의 위치가 고정되며, 주어진 거리에 있는 시각 피라미드visual pyramid의 교점이다."

또한, 알베르티는 기하학의 원리와 광학의 과학에 대해 논했다. 그리고 사물의 실제 크기와 관찰자로부터의 거리에 비례하여 그림에서 사물의 가시적인 크기를 결정하는 비례의 개념을 정확하게 설명했다.

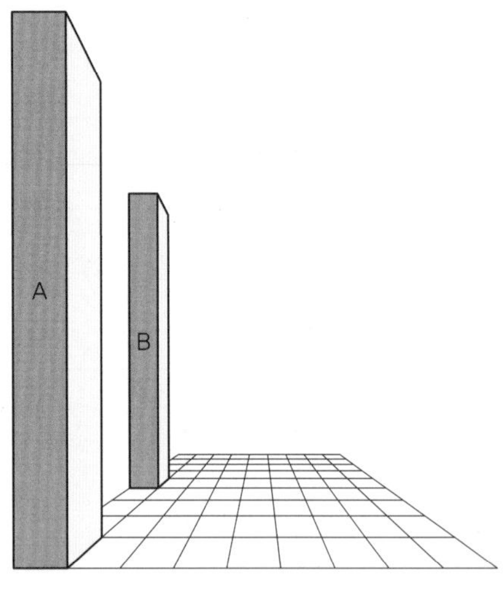

『회화론(Della pittura)』에서 눈금으로 기둥의 원근법을 보여주는 알베르티의 다이어그램

이것은 브루넬레스키가 알고는 있었지만 설명하지 못했던 것이다.

위의 인용문에서 언급한 시각 피라미드에 대한 생각도 완벽하게 확립되었다. 관찰자는 피라미드에 있는 원점 혹은 정점을 볼 수 있다. 피라미드의 변은 시야의 가장자리를 따라 정점에서 바깥쪽으로 연장된다. 그림은 시각 피라미드와 교차하는 평면(평평한 표면)이며, 피라미드의 정점은 이미지를 보는 데 이상적인 지점에 있는 것으로 상상할 수 있다. 정점이 소실점 앞에 있기 때문에 이미지에서 모든 선이 수렴되는 소실점은 그림의 평면을 훨씬 넘어서는 것으로 상상되었다. 화가는 그 그림이 창문과 같으며 관찰자가 그 창문 너머로 정경을 본다고 상상할 수 있다. 지평선은 눈높이에서 캔버스를 가로지르며, 소실점은 이 선의 중심 근처 어딘가에 위치한다. 이 기법을 1점 투시도법one-point perspective이라고 한다.

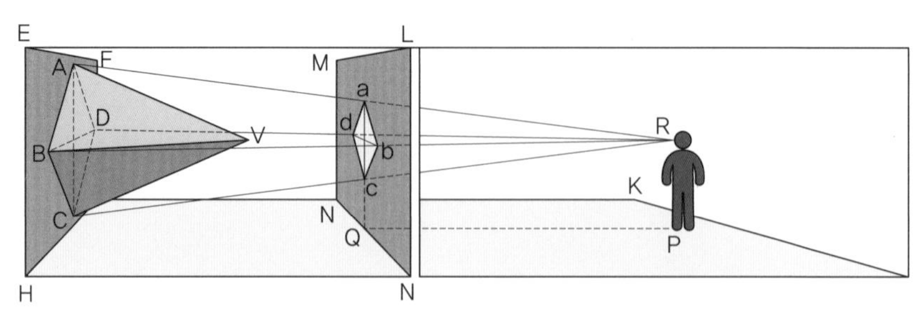

알베르티의 시각 피라미드 다이어그램

파비멘토

알베르티가 제시한 예 중에서 가장 유명한 것은 정사각형 타일들로 덮인 바닥의 사례이다. 소실점은 그림의 중앙에 위치하며 타일들의 한 변은 그림 하단과 평행하다고 가정한다. 실제로는 하단의 변과 수직을 이루는 타일의 변이 그림에서는 소실점에서 수렴하는 것처럼 보인다. 정사각형 타일들의 대각선은, 소실점과 만나면서 그림 하단과 평행한 하나의 선 위에 위치한 하나의 점으로 모두 수렴된다. 이 점의 실제 위치가 정확한 원근감 효과를 얻기 위해 관찰자가 그림에서부터 떨어져 있어야 하는 거리를 결정하게 된다.

알베르티는 자신의 생각을 수학적으로 증명하지 않는 대신 그는 이렇게 썼다. "우리는 피라미드, 삼각형, 교차점에 관해 필요한 만큼 충분히 이야기를 나눴다. 나는 보통 친구들에게 따분한 기하학적 증거를 들어 설명한다. 그러나 이 논평에서는 간결함을 위해 그런 증거는 생략하는 것이 더 나을 것 같다."

알베르티의 생각은 르네상스 회화가 발전하는 데 큰 영향을 미쳤다. 유클리드의 원칙이 평면 기하학의 기초가 되었던 것과 마찬가지로 알베르티의 원칙은 원근법 과학의 토대가 되었다. 이 시기에 정사각형 타일이 깔린 바닥을 그린 그림을 파비멘토(바닥을 뜻하는 이탈리아어) 회화라고 부르며, 알베르티의 책이 출간된 후 몇 년 간 파비멘토 회화가 많이 나왔다.

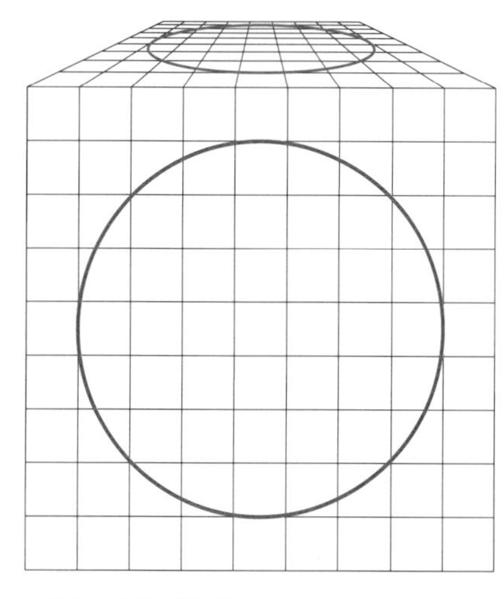

타원으로 투영된 원

파비멘토는 알베르티에게 일종의 좌표계를 제공하였고, 알베르티는 이를 바탕으로 격자를 사용해 정확한 원형 모양을 얻는 방법을 보여주었다. 정사각형 모양의 격자 위에 원을 배치하고 정사각형과 원이 교차하는 지점을 표시한다. 위에서 설명한 방식으로 원근법을 사용해 정사각형 격자를 만든다. 그런 다음 원래 격자 위에서 원과 정사각형이 교차하는 지점들을 원근법을 사용해 만든 정사각형 격자에 표시한다. 이렇게 해서 원이 타원으로 투영되는 결과를 얻을 수 있다.

피에로 델라 프란체스카

15세기 최고의 화가이면서 저명한 수학자였던 피에로 델라 프란체스카Piero della Francesca(1416~1492)는 가장 수학적인 관점에서 원근법을 설명했다. 프란체스카는 1460년대 혹은 1470년대에 저술한 것으로 추정되는 저서 『회화를 위한 원근법On Perspective for Painting』에서 회화의 '세 가지 원칙', 즉, 드로잉, 비례, 채색에 관해 설명했다. 그는 이 중에서 비례, 즉 원근법에 가장 많은 관심을 기울였다.

그는 수치적 예제들을 사용하여 묘사를 통해 유클리드 방식의 기하학적 정리를 확립하는 것으로 시작한다. 그런 다음 평면 도형의 원근법과 관련된 정리를 제시하고 각기둥을 원근감 있게 그리는 방법을 논하였다. 프란체스카는 캔버스에 그려질 사물의 크기를 관찰자와 사물 간의 거리에 비례하게끔 계산할 수 있는 수학 공식을 만들었다. 또한, 그는 폭과 높이를 각각 측정하는 두 개의 눈금자를 사용하여 더 복잡한 사물을 묘사하였고, 묘사되는 사물 위에 정확한 점의 위치를 표시하는 좌표계를 사실상 개발했다. 알베르티와 마찬가지로 프란체스카는 2세기 후 등장한 데카르트보다 먼저 좌표계를 발견한 셈이다.

레오나르도 다빈치

레오나르도 다빈치Leonardo da Vinci(1452~1519)는 당대뿐만 아니라 모든 시대를 통틀어 가장 독보적으로 뛰어난 재능을 가진 인물 중 한 명이다. 다빈치는 관찰자와 사물 간의 거리와 캔버스에 그려지는 사물의 크기 사이의 관계를 계산하는 수학 공식을 확립했다. 그는 원근감이 표현된 그림을 정확하게 감상하기 위해서 관찰자의 위치를 계산하는 문제를 처음으로 연구한 사람에 속한다. 그는 정확한 선 원근법으로 그려진 그림은 딱 알맞은 지점에서 바라보았을 때만 제대로 감상할 수 있다는 것을 깨달았다. 브루넬레스키가 시연했을 때 그는 이 점에 대해 틀림없이 알고 있었을 것이다.

레오나르도가 원근법에 정통했음을 보여주는 스케치

레오나르도는 두 가지 유형의 원근법을 인식하게 되었다. 하나는 인공 원근법artificial perspective으로 화가가 평면에 이미지를 투사하는 방식을 말하며, 다른 하나는 자연 원근법natural perspective으로 거리에 따른 사물의 상대적인 크기를 충실하게 재현하는 것을 말한다. 레오나르도는 자연 원근법에서 사물이 관찰자를 중심으로 그려진 원 위에 있을 경우 사물의 크기는 동일하다는 사실을 깨달았다. 또, 그는 자연 원근법과 비스듬한 각도에서 생성되는 원근법을 결합한 복합 원근법compound perspective을 연구했다.

데자르그 정리

유클리드가 확립한 기하학 규칙 중에서 평행선은 만나지 않는다는 규칙은 잘 알려져 있다. 그러나 미술과 원근법의 세계에서 평행선은 소실점에서 만나는 것처럼 보인다. 프랑스의 수학자 지라르 데자르그

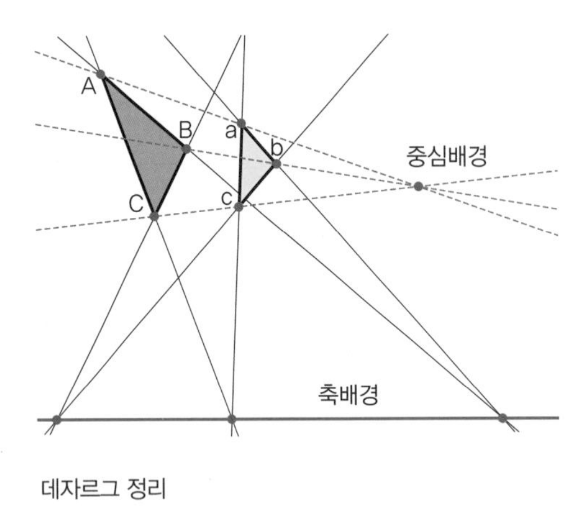

데자르그 정리

Girard Desargues(1591~1661)는 사영기하학의 창시자 중 한 명이다. 데자르그는 소실점을 기하학에 통합하고자 했고, 이것을 무한원점point at infinity이라고 한다. 유클리드가 평면상의 선에 대해 연구하여 공리를 제시했듯이, 데자르그도 무한원점이 더해진 평면상의 모양에 대해 연구를 시작했다. 사영평면projective plane에는 평행선이라는 개념이 없다. 사영기하학의 관점에서 보면 원뿔곡선, 원, 타원, 포물선, 쌍곡선은 동일한 곡선에서 다른 원근법으로 나타난다.

만약 삼각형 모양의 타일로 만들어진 바닥을 그림으로 그린다면 어떻게 해야 원근법을 사용하여 정확하게 그릴 수 있을까? 데자르그는 이 문제에 대한 해법을 제시했다. 데자르그는 두 삼각형이 한 점에서 만날 때, 이 두 삼각형은 한 직선 위에 있다는 것을 증명했으며, 이것을 데자르그 정리Desargues' theorem라고 한다. 다시 말해, 각 삼각형의 대응꼭짓점(실제 삼각형과 배경 삼각형)을 연결하는 선을 연장하면 모두 한 점에서 만나게 된다. 또한 한 삼각형의 변과 다른 삼각형의 대응변을 연장하면, 모든 변은 한 점에서 만나게 된다. 모든 세 변을 이렇게 연장하면 세 개의 점이 생성되고, 이 세 점은 한 개의 직선에 놓이게 된다. 이러한 요건이 충족되면 삼각형은 원근감을 갖게 된다. 데자르그 이후 화가들은 데자르그 정리를 이용함으로써 막대한 실익을 얻을 수 있게 되었다.

"수학을 공부하지 않은 대부분 사람들에게는
믿기지 않게 보이는 일들이 있다."

*"There things that seem incredible to most people
who have not studies math."*

⋮

아르키메데스Archimedes

6
34
17
25
2
21
4

Chapter

09

확률, 가능성은 얼마인가?

확률의 수학은 무작위로 발생하는 것처럼 보이는 사건을 예측하는 문제에 대한 해법과 관련된다. 고대 그리스, 로마, 인도에서는 사람들이 운에 좌우되는 게임을 즐겼을 뿐, 운에 좌우되는 게임의 기초가 되는 수학 규칙을 이해하거나 발견하려고 노력하는 사람은 없었던 것으로 알려진다.

16세기가 되어서야 결과를 예측하려는 시도가 처음으로 이루어졌다. 지롤라모 카르다노(84쪽 참조)는 수학자이면서 동시에 상습 도박사였다. 다른 도박사들과 마찬가지로 카르다노 역시 도박에서 이길 확률을 높이는 방법을 찾는 데 관심이 많았다. 카르다노는 이 문제에 대한 해법을 연구하면서 우연한 사건에 수치를 부여하는 방법을 모색하였고 처음으로 확률을 과학적으로 분석하게 되었다. 이 혁명적인 발상은 확률 이론으로 이어졌고, 이것이 나중에 통계학으로 발전되었다. 카르다노의 발상이 아니었다면 지금의 보험산업과 일기 예보 같은 분야가 발전하는 것은 불가능했을 것이다.

폼페이에서 주사위를 던지는 사람들의 프레스코화

확률 연대표

1564년경	지롤라모 카르다노가 처음으로 확률에 체계적으로 접근한 『확률 게임에 관한 책』을 저술하다.
1650년경	블레즈 파스칼과 피에르 드 페르마가 현대 확률 이론의 토대를 만들다.
1657년	크리스티안 하위헌스가 확률에 관한 최초의 논문 『주사위 도박이론』을 발표하다.
1662년	존 그랜트가 통계를 사용하여 기대 수명을 예측함으로써 보험료 산정에 과학이 사용되기 시작하다.
1763년	토머스 베이즈가 『확률론의 한 문제에 대한 에세이』에서 조건부 확률을 제시하다.
1812년	피에르 라플라스가 저서 『확률에 대한 분석 이론』에서 확률 이론을 운에 좌우되는 게임 이상으로 확장해 과학 문제와 여타 실용적 문제에 응용하다.

첫 걸음

지롤라모 카르다노는 1501년, 지금의 이탈리아 파비아에서 태어났다. 파비아와 파두아에 위치한 대학교에서 교육을 받았으며, 1526년에서 1553년까지 의사로 일했다. 카르다노는 의사로 일하면서 동시에 수학과 다른 과학에 대해서도 공부했다. 의학과 관련된 여러 저술물을 발표했으며, 1545년에는 대수학을 다룬 저서 『위대한 술법Ars magna』을 발표했다. 이 책은 관련 분야에 큰 영향을 미쳤다(85쪽 참조).

체스 선수이자 능란한 도박사인 카르다노는 여러 책을 저술했는데, 그중 『확률 게임에 관한 책Liber de Ludo Aleae』은 25살 때부터 집필을 시작하였으나 카르다노가 사망한 지 한참 후인 1663년이 되어서야 출판되었다. 이 책은 처음으로 확률을 체계적으로 다루었고, 효과적인 속임수 방법을 소개한 부분도 포함하고 있다.

오늘날의 관점에서 보면 카르다노의 책에 제시된 일부 생각이 명백한 것처럼 보일 수도 있지만 당시로써는 시대를 앞서나가는 것이었다. 임의의 한 사건이 발생할 가능성은 아직 나타나지 않은 사건이 발생할 가능성과 동일하다는 개념은 그 이전에는 생각하지 못한 것이었다. 예를 들어, 주사위를 던질 때 주사위의 여섯 개의 면 중 각 면이 나올 가능성은 모두 동일하다. 즉, 임의의 한 면이 나올 가능성, 예를 들어 5가 나올 가능성은 1/6이다. 그리고 이것은 그 전에 이미 5가 몇 번 나왔는지와는 무관하다.

지롤라모 카르다노의 초상화

끝나지 않은 게임

확률 이론을 보여주는 동전 던지기

확률 이론의 기본 원리는 블레즈 파스칼Blaise Pascal과 피에르 드 페르마Pierre de Fermat가 서신을 주고받으면서 그 토대가 마련되었다. 이 서신 왕래는 도박으로 발생한 분쟁 때문에 시작되었다.

두 선수가 돈을 걸고 운에 좌우되는 게임을 한다고 가정해보자. 동전을 던지면 그 결과에 따라 어느 한 선수가 점수를 얻게 된다. 동전의 앞면이 나오면 한 선수가, 뒷면이 나오면 다른 선수가 점수를 얻게 되며, 먼저 10점을 얻는 선수가 돈을 가져가게 된다. 어떤 이유로 이 게임이 중단되어 계속 진행되지 못했다고 가정하자. 이 단계에서 한 선수는 8점을, 다른 선수는 7점을 얻었다. 어떻게 상금을 나누어야 할까? 선수 1이 점수를 더 많이 얻어 앞서고 있긴 하지만, 선수 2가 이길 가능성도 충분히 있다. 이 문제는 일반적으로 점수 문제problem of points로 불린다.

파스칼과 페르마가 제시한 해법은 산출enumeration로 알려진 확률 계산 방법과 관련된다. 이 방법은 연속해서 동전 던지기와 같이 어느 행동으로 발생할 가능성이 있는 모든 결과를 열거하는 것을 말한다. 만약 결과 중 성공을 나타내는 것이 어느 것인지를 결정하면, 성공을 나타낸다고 결정한 모든 결과를 합하는 것으로 성공 확률을 구할 수 있다.

이 게임이 중단된 상태에서 우승자를 가리기 위해서는 동전을 몇 번 더 던져야 할까? 동전을 단 두 번만 더 던지면 선수 1이 우승하게 된다. 또는 최대 네 번을 더 던지면 두 선수 모두 9점을 얻게 된다. 그러면 표를 그려서 살펴보자. 페르마가 미래 가능성future possibilities이라고 부른 이 표는 동전을 네 번 던졌을 때 발생할 수 있는 가능성이 있는 모든 결과를 제시한다. 이 경우 총 16개의 결과가 나온다.

앞면 앞면 앞면 앞면	앞면 뒷면 앞면 앞면
뒷면 앞면 앞면 앞면	뒷면 뒷면 앞면 앞면
앞면 앞면 앞면 뒷면	앞면 뒷면 앞면 뒷면
뒷면 앞면 앞면 뒷면	뒷면 뒷면 앞면 뒷면
앞면 앞면 뒷면 앞면	앞면 뒷면 뒷면 앞면
뒷면 앞면 뒷면 앞면	뒷면 뒷면 뒷면 앞면
앞면 앞면 뒷면 뒷면	앞면 뒷면 뒷면 뒷면
뒷면 앞면 뒷면 뒷면	뒷면 뒷면 뒷면 뒷면

선수 1이 이기게 되는 결과가 회색으로 표시되었고, 이것은 16개의 결과 중 11개에 해당한다. 따라서 선수 1이 게임에서 이길 확률이 11/16이므로, 페르마는 선수 1이 상금의 11/16을 가져가고 선수 2는 이길 확률에 따라 상금의 5/16를 가져가야 한다고 결론을 내렸다. 동전 던지기를 몇 번 하고 나면 더는 동전을 던질 필요가 없다는 것을 분명히 알 수 있다. 처음 두 번 동전을 던지는 것으로 승자가 가려지기 때문이다. 하지만 각 던지기가 동일한 확률로 발생한다는 사실을 확실히 하고, 그런 다음 다른 던지기와 비교를 하기 위해서는 승자가 정해진 후에도 동전 던지기는 끝까지 진행되어야 한다.

가능한 결과

이러한 방법을 사용해 발생하는 모든 사건의 확률(P)을 구할 수 있다. 확률(P)은 어떤 사건이 일어날 수 있는 경우의 수를 모든 사건이 일어날 경우의 수로 나눈 것을 말한다. 어떤 사건이 일어날 수 있는 경우의 수는 모든 사건이 일어날 경우의 수를 절대 초과할 수 없다.

따라서 P는 항상 1에서 0 사이에 있다. 예를 들면 주사위 한 개를 굴려서 7이 나오는 불가능한 사건의 경우, 확률은 0이다. 또한 주사위를 굴려 1과 6 사이의 숫자가 나오는 것처럼 확실한 사건의 경우, 확률은 1이다. 모든 가능한 사건의 확률은 0에서 1 사이이다.

상호 배타적인 두 사건의 확률을 구하려면 각 사건의 확률을 더하면 된다. 예를 들어 주사위 한 개를 던져 4 또는 5가 나올 확률은 1/6+1/6=1/3이다.

반면 여러 개의 독립 사건이 발생할 확률을 구하려면 모든 확률을 곱하면 된다. 예를 들어 주사위를 던졌을 때 연달아 6일 나올 확률은 1/6×1/6=1/36이다.

파스칼의 삼각형

파스칼은 다소 다른 접근 방식을 채택했지만 같은 결론을 내렸다. 파스칼은 모든 가능한 결과를 나열하지 않으면서도 문제를 해결할 방법을 찾고 있었다. 그는 자신이 고안한 수의 삼각형을 사용하여 수를 생성할 수 있다는 것을 깨달았다.

파스칼의 삼각형은 이항계수에 관한 표이다. 이항식은 곱셈, 나눗셈, 덧셈, 뺄셈과 같은 간단한 산술연산으로 얻어지는 두 개의 항으로 된 식을 말한다. 그리고 계수는 변수에 곱해진 수를 말한다. 예를 들어, 식 $3x+2=y$에서 3은 변수 x의 계수이다.

파스칼의 삼각형을 처음 창안한 사람은 파스칼이 아니다. 이 삼각형은 기원전 200년경, 인도의 작가인 핑갈라Pingala가 쓴 문서에 최초로 기록되어 있으며, 그 후 1303년, 중국의 수학자 슈 옌 유 치엔Szu Yuen Yu Chien이 기록한 것으로 알려져 있다. 이 삼각형은 간단하게 만들 수 있다. 먼저 꼭짓점에 1을 한 개 쓰고, 그 아래에 1을 두 개 쓴다. 그 다음 이어지는 모든 행의 맨 처음과 맨 끝은 모두 1이고, 그 사이에 들어가는 각 수는 바로 위의 행에 있는 두 수를 더한 값이다. 삼각형이 확

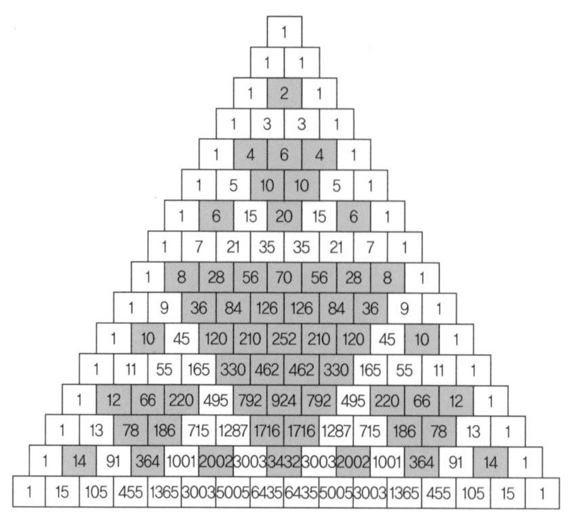

파스칼의 삼각형에서 짝수는 음영 표시되었다.

장되면서 수에 규칙성이 나타나기 시작한다.

파스칼의 삼각형을 사용하여 점수 문제problem of points를 푸는 방법을 알아보기 전에, 먼저 중단된 게임을 끝내기 위해서 필요한 동전 던지기 횟수는 최대 네 번이었다는 점을 기억하자. 맨 꼭대기에 숫자 1이 한 개 있는 행은 1행이 아니라 0행이다. 삼각형을 4행까지 만들면 아래와 같은 수를 얻게 된다.

0행	1
1행	1 1
2행	1 2 1
3행	1 3 3 1
4행	1 4 6 4 1

4행은 동전 던지기를 네 번 했을 때 얻을 수 있는 수의 조합에 해당한다.

- 앞면이 네 번 나올 수 있는 한 가지 방법
- 앞면이 세 번, 뒷면이 한 번 나올 수 있는 네 가지 방법
- 앞면이 두 번, 뒷면이 두 번 나올 수 있는 여섯 가지 방법
- 뒷면이 세 번, 앞면이 한 번 나올 수 있는 네 가지 방법
- 뒷면이 네 번 나올 수 있는 한 가지 방법

앞서 살펴봤듯이 선수 1은 앞면이 두 번만 나오면 게임에서 이기게 되고, 그 경우의 조합을 모두 더하면 된다. 즉, 이길 확률은 1+4+6=11, 또는 11/16이 되며, 이것은 페르마가 구한 답과 동일하다.

다른 수학자들도 페르마와 파스칼의 뒤를 이어 그들의 통찰력을 확장했다. 1657년, 네덜란드의 과학자이자 수학자인 크리스티안 하위헌스Christian Huygens는 확률에 관한 최초의 논문 『주사위 도박이론De ratiociniis in ludo aleae』을 발표했다. 하위헌스는 이 논문에서 수학적 기댓값mathematical expectation, 또는 기댓값expected value이라는 개념을 제시했다. 이것은 확률을 사용해 장기적으로 기대할 수 있는 결과를 구하는 수단을 말한다. 하위헌스는 파스칼과 페르마가 주고받은 서신에서 영감을 받았다고 밝혔다.

스위스의 저명한 수학자 집안의 장남인 자코브 베르누이Jacob Bernoulli(1654~1705)는 사후인 1713년에 출간된 『추론의 예술Ars conjectandi』에서 현대적 의미에서 '확률'이라는 단어를 처음으로 사용했다. 베르누이는 하위헌스의 증거에 대해 자세히 설명했다. 그리고 운에 좌우되는 게임에 관한 일련의 해법을 포함하여 자신의 대안을 제시했다. 아마도 베르누이가 이룬 가장 중요한 업적은 베르누이 정리Bernoulli theorem의 발견인데, 이 정리는 나중에 큰 수의 법칙law of large numbers으로 알려지게 되었다(114쪽 '큰 수의 법칙' 참조).

피에르 드 페르마

프랑스의 아브라함 드무아브르Abraham de Moivre는 확률 연구의 진보를 이어갔다. 드무아브르는 확률 이론을 뒷받침하기 위해 처음으로 고급 수학을 접목하려고 노력한 사람 중 한 명이다. 드무아브르의 가장 중요한 업적은 자연 현상을 그래프로 표시하면 평균적으로 종 모양의 종형 곡선bell-shaped curve을 이루며 분포한다는 사실을 입증한 것이다. 하지만 그는 당시에는 그 중요성을 인식하지 못했다. 나중에 위대한 수학자인 카를 프리드리히 가우스Carl Friedrich Gauss에 의해 이는 정규분포normal distribution라고 명명되었다.

중심극한정리

정규분포는 예상하지 못한 분야에서조차 반복해서 나타난다. 예를 들어, 동전 던지기에서 발생할 수 있는 결과는 단 두 가지, 앞면 아니면 뒷면밖에 없다. 어떻게 동전 던지기가 종형 곡선을 만들 수 있을까? 드무아브르는 처음으로 그 실마리를 발견했는데 그의 발견은 나중에 중심극한정리central limit theorem로 알려지게 된다. 동전을 백 번 던진 다음 앞면이 나온 횟수를 기록한다. 그런 다음, 다시 동전을 99번 던져 각각에 대한 결과를 기록한다. (물론 독자 여러분은 실제로 이렇게 하지 않아도 된다는 사실에 안심할 거라고 생각한다.) 결과를 그래프로 나타내면 예상했던 대로 결과가 평균 50을 중심으로 분포된다는 것을 알 수 있다. 동전을 더 많이 던질수록 결과는 정규분포 곡선에 더 가깝게 형성된다.

중심극한정리는 분산(예: 동전의 앞면이나 뒷면, 붉은색, 흰색 또는 푸른색)의 수준이 유한한 집단에서 표본 크기가 충분히 주어졌을 때, 표본의 크기가 더 커질수록 데이터 표본의 평균이 전체 집단의 평균에 더 가까워지고 모든 표본이 정규분포 패턴에 근접하게 되는 것을 말한다. 일반적으로 표본이 30개 이상일 경우 중심극한정리가 적용되기에 충분한 것으로 여겨진다.

중심극한정리는 금융 등의 분야에서 사용되는데, 투자자는 이 정리를 사용하여 주식 수익률을 분석하고 포트폴리오를 구성한다. 예를 들어, 투자자가 1,000개 종목의 주가와 실적을 비교하고 싶다면 표본 30개를 무작위로 선정해 전체적으로 주가와 실적을 반영하는 분포 패턴을 만들 수 있다.

정규분포

정규분포(normal distribution)는 과학 분야 전반에 걸쳐 자리 잡아 왔다. 정규분포는 두 숫자에 의해 결정된다. 기댓값과 표준편차가 정규분포를 결정하는데, 표준편차는 평균값을 기준으로 숫자가 분포하는 방식을 측정하는 것을 말한다. 예를 들어 무작위로 선택한 100명의 사람들의 키를 측정한 뒤 결과를 그래프로 나타내면, 종 모양의 표준 분포(standard distribution)가 만들어진다. 표본에서 대다수 사람들의 키가 같다는 것을 알 수 있는데, 이것은 집단의 평균 키를 나타낸다. 평균으로부터 양쪽으로 멀어질수록 표본의 수는 더 적어지며, 평균과 변량의 차이가 클수록 표준편차는 커진다. 그리고 통계적으로 표준편차가 클수록 그래프상에 나타나는 표본의 수는 더 줄어든다.

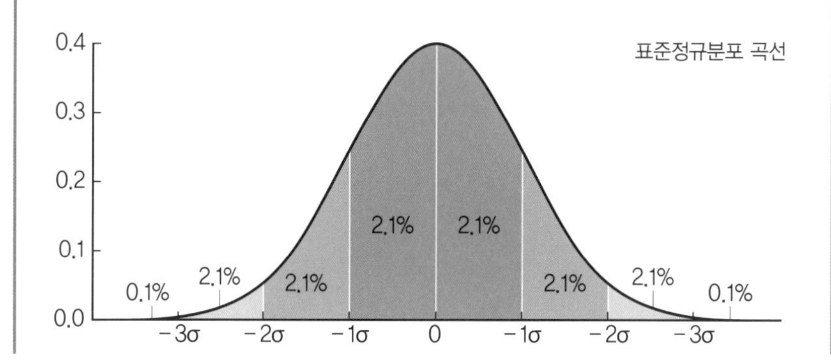

큰 수의 법칙

스위스의 수학자인 자코브 베르누이(Jacob Bernoulli)가 1713년에 큰 수의 법칙(law of large numbers)을 처음으로 입증했다. 큰 수의 법칙은 동일하게 분포되고 무작위로 생성된 변수의 수가 증가함에 따라 관찰된 평균이 이론적 평균에 근접해진다는 확률 정리를 말한다. 다시 말하면, 동전을 충분할 만큼 여러 번 던지면 동전의 앞면과 뒷면이 고르게 분포하는 결과를 얻게 된다. 베르누이는 20년에 걸쳐 이러한 사실을 증명하는 수학적 증거를 확립했다. 1세기 이상 지난 후, 러시아의 수학자 파프누티 체비쇼프(Pafnuty Chebyshev, 1821~1894)가 큰 수의 법칙이 일반적으로 평균의 법칙(the law of averages)으로 알려진 규칙과 밀접하게 관련되어 있다는 것을 증명했다. 동전을 던지면 큰 수의 법칙에 따라 앞면이 나오는 횟수는 전체의 절반, 즉 0.5의 확률에 점점 더 가까워진다. 물론 이러한 결과를 얻기 위해서는 동전을 여러 번 던져야 한다. 앞면의 비율이 0.47~0.530이 되는 95%의 확률을 얻기 위해서는 동전을 던지는 횟수가 1,000회 이상이 되어야 한다.

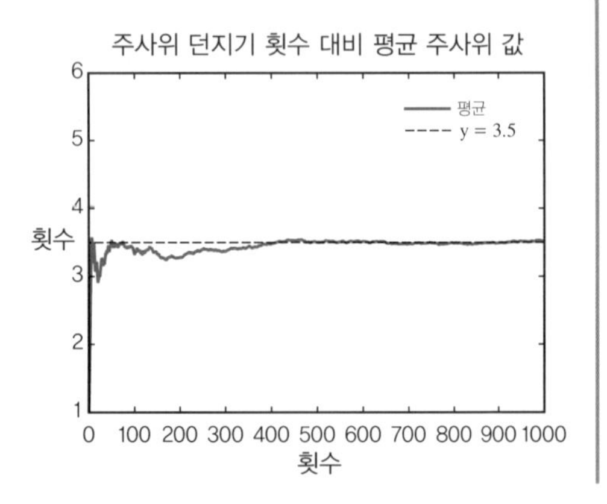

주사위를 던지는 횟수가 커질수록 실제 결과는 이론적 결과에 근접한다.

통계학의 탄생

1662년에 사업가인 존 그랜트John Graunt가 『사망표에 관한 자연적, 정치적 관찰Natural and Political Observations Made upon the Bills of Mortality』이라는 저서를 출간했다. 이 책은 통계학뿐만 아니라, 통계학을 사용하여 출생, 사망, 질병 발병 등 인구 개체군을 분석하는 인구학에 대한 기초적인 책으로 여겨진다. 이 책은 사망표에서 추출한 50년간의 데이터를 분석했다. 사망표는 런던의 주간 사망 목록으로, 그 전 주의 사망자 수, 사망 원인, 그리고 사망자의 신원을 기록한 것이다. 그랜트는 이 사망표의 이해를 돕기 위해 최초의 건강 데이터 표를 만들었다. 그랜트는 이 정보를 바탕으로 처음으로 런던 인구를 현실적으로 추정했다. 그러므로 그랜트의 저서는 인구 통계학의 시작을 의미한다고 볼 수도 있다.

개인에게 죽음은 예측할 수 없는 방식으로 다가온다. 하지만 그랜트는 인구가 많은 곳에서는 특정 원인으로 사망하는 사람의 수가 훨씬 더 규칙적이고 예측할 수 있다는 점을 발견했다. 그랜트는 분석을 통해 인구를 황폐화하는 전염병의 발병 원인에 대한 통찰력을 얻을 수 있었다. 그는 당시 해마다 약 2,000명의 목숨을 앗아간 결핵을 비롯해 여타 사망 원인을 관찰하여 규칙적인 양상을 발견했다. 그러나 전염병의 경우, 그 양상이 다르게 나타났다. 1625년 전염병으로 인한 사망자 수는 46,000명에 달했으나 그 후 4년간 전염병으로 사망한 사람은 없었다. 그랜트는 전염병으로 인한 사망이 불규칙하고 만성질환으로 인한 사망은 규칙적이라는 사실을 대조하여 전염병의 발생이 환경적 원인에 기인하는 것이라고 주장했다.

The Diſeaſes, and Caſualties this year being 1632.

Abortive, and Stilborn	445	Jaundies	43
Affrighted	1	Jawfaln	8
Aged	628	Impoſtume	74
Ague	43	Kil'd by ſeveral accidents	46
Apoplex, and Meagrom	17	King's Evil	38
Bit with a mad dog	1	Lethargie	2
Bleeding	3	Livergrown	87
Bloody flux, ſcowring, and flux	348	Lunatique	5
Bruſed, Iſſues, ſores, and ulcers,	28	Made away themſelves	15
Burnt, and Scalded	5	Meaſles	80
Burſt, and Rupture	9	Murthered	7
Cancer, and Wolf	10	Over-laid, and ſtarved at nurſe	7
Canker	1	Palſie	25
Childbed	171	Piles	1
Chriſomes, and Infants	2268	Plague	8
Cold, and Cough	55	Planet	13
Colick, Stone, and Strangury	56	Pleuriſie, and Spleen	36
Conſumption	1797	Purples, and ſpotted Feaver	38
Convulſion	241	Quinſie	7
Cut of the Stone	5	Riſing of the Lights	98
Dead in the ſtreet, and ſtarved	6	Sciatica	1
Dropſie, and Swelling	267	Scurvey, and Itch	9
Drowned	34	Suddenly	62
Executed, and preſt to death	18	Surfet	86
Falling Sickneſs	7	Swine Pox	6
Fever	1108	Teeth	470
Fiſtula	13	Thruſh, and Sore mouth	40
Flocks, and ſmall Pox	531	Tympany	13
French Pox	12	Tiſſick	34
Gangrene	5	Vomiting	1
Gout	4	Worms	27
Grief	11		

Chriſtened { Males — 4994, Females - 4590, In all — 9584 } Buried { Males — 4932, Females — 4603, In all — 9535 } Whereof, of the Plague 8

Increaſed in the Burials in the 122 Pariſhes, and at the Peſthouſe this year 993
Decreaſed of the Plague in the 122 Pariſhes, and at the Peſthouſe this year, 266

C 7 In

존 그랜트의 『사망표에 관한 자연적, 정치적 관찰』 중 한 페이지

그랜트의 저서를 본 크리스티안 하위헌스는 그랜트의 연구에서 또 다른 영감을 얻었다. 하위헌스는 그의 형인 로데베이크 하위헌스와 함

께 그랜트의 생명표를 이용해 기대수명을 예측할 수 있는 방법을 연구했다. 1693년에 에드먼드 핼리Edmund Halley(그의 이름을 딴 핼리혜성으로 더 잘 알려져 있음) 경은 그랜트의 생각을 이용해 당시 초기 단계에 있던 생명보험업계를 위한 최초의 보험 통계표를 만들었다. 그는 왕립학회Royal Society의 초청을 받아 독일의 브레슬라우에서 출생과 사망 기록을 조사했다. 핼리는 이 조사를 통해 직접 생명표를 만들었고, 이 생명표를 바탕으로 특정 나이에 대한 사망 가능성을 이용해 연금 비용을 계산하는 공식을 도출했다.

평균인

1835년 벨기에의 수학자이자 천문학자, 그리고 사회학자인 아돌프 케틀레Adolphe Quetelet(1796~1874)가 통계와 확률을 결합하여 평균인 homme moyen이라는 개념을 제시했다. '평균인'은 인간의 특성을 나타내는 값이 정규분포를 따라 중심값을 중심으로 분포할 때, 그 중심값을 가지는 개인을 말한다. 케틀레는 인간 성장에 대해 선구적인 연구를 진행했고, 출생 후와 사춘기 동안 급속히 성장할 때를 제외하고 '체중은 키의 제곱만큼 증가한다.'는 결론을 도출했다. 이것을 케틀레 지수Quetelet Index라고 하며 1972년 이후부터는 체질량지수BMI로 일컬어지고 있다.

오늘날 케틀레의 개념은 공공보건을 위한 계획을 세울 때 사용된다. 초기 연구에서 그는 육군 징집병 십만 명의 키를

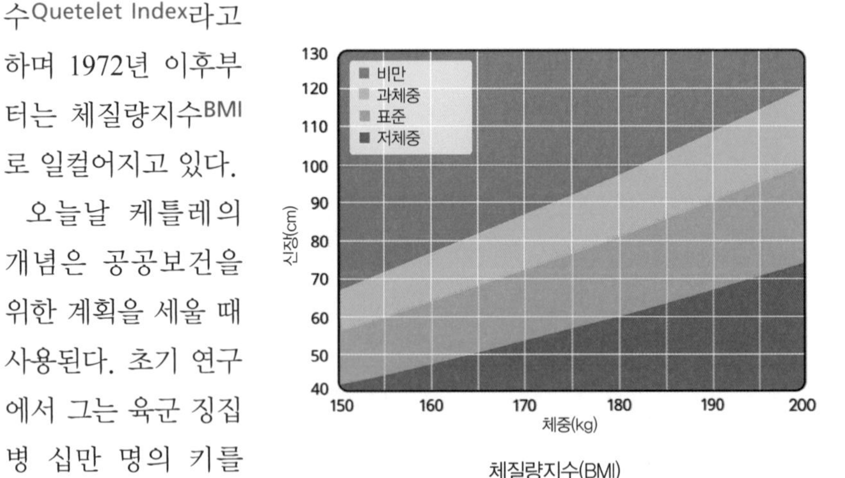

체질량지수(BMI)

재고, 실제 데이터와 기댓값을 비교했다. 그는 군복무를 위한 기준 키보다 크거나 작은 사람의 수가 예상보다 많다는 사실에 당황했다. 케틀레는 측정 오류를 배제할 수 있었기 때문에 징집병이 징병을 피하려고 거짓말을 했다는 결론을 내렸다.

현실적 문제와 확률

동전 던지기, 주사위 굴리기, 카드놀이, 그리고 복권 구매를 할 때 확률을 고려하는 것은 좋다. 하지만 실제 현실은 훨씬 더 복잡하다. 실제 생활에서 무슨 일이 발생할지 예측하는 문제에서 확률은 어떤 도움이 될 수 있을까?

확률이 실제 생활에서 발생할 수 있는 일을 예측하는 데 유용한 도구가 되기 위해서는 고정되지 않은 결과가 도출되는 사건을 이해하는 방법을 모색해야 했다. 다른 사건의 결과와 상관없이 단순히 동전의 앞면이나 뒷면이 나오는 사건이 아니라, 다른 사건의 결과와 연관되는 사건을 이해할 필요가 있었다. 이에 대한 해법은 조건부 확률이 발전하면서 가능해졌다.

조건부 확률

주사위를 굴리면 주사위의 6개 숫자 중 하나가 나온다. 주사위가 굴러가는 동안에는 어떤 숫자가 나올지는 불확실하다. 일단 주사위가 멈추면 숫자가 3이 나올지 다른 숫자가 나올지 100% 확신하게 된다. 그런데 왜 그럴까? 뭔가가 어떻게 해서든 개입되어 원래 예상했던 1/6의 가능성이 바뀌고 3이 나올 가능성이 더 높아진 걸까? 그래서 원하던 6이 나오지 않은 걸까?

우리는 현실에서 예측할 수 없는 방식으로 다른 사건에 영향을 미치는 사건에 익숙하다. 그것을 운, 행운, 불운, 운명, 기도에 대한 응답, 아니면 여러 다른 명칭으로 부를 수 있다. 혹은 해럴드 맥밀런이 남겼던 유명한 말인 "사건들, 세상에! 사건들Events, dear boy, events"처럼 사건은 그냥 발생하는 것일 수 있다. 18세기 초, 서로 영향을 미치는 사건에 대한 돌파구가 마련되었고, 이것은 수학적 사례가 되었다.

1763년에 「우연이라는 원칙으로 문제를 해결하는 방법에 관한 논문Essay towards solving a Problem in the Doctrine of Chances」이라는 제목의 논문이 발표되었다. 이 논문은 수학적 해법에서 획기적인 성과였다. 논문의 저자 토머스 베이즈는 논문이 발표되기 2년 전 사망했다.

베이즈는 두 개의 사건을 가정하고 각각을 사건 A와 사건 B라고 불렀다. 각 사건이 발생할 확률은 P(A)와 P(B)이며, 앞에서 살펴봤듯이 각 P는 0에서 1 사이의 숫자이다. 베이즈는 사건들을 상호의존적으로 만들었다. 사건 A가 발생하면 사건 B가 발생할 확률이 바뀌게 되고, 그 반대의 경우도 마찬가지이다. 사건 A로 인해 사건 B가 확실히 발생할 수도 있지만, 발생하지 않을 수도 있다. 베이즈는 이것을 나타내기 위해 오늘날 조건부 확률로 일컬어지는 새로운 양 두 가지를 제시했다. P(A|B)는 사건 B가 일어났다고 가정하였을 때 사건 A가 일어날 확률이며, P(B|A)는 사건 A가 일어났다고 가정하였을 때 사건 B가 일어날 확률이다. 베이즈는 네 가지의 모든 확률이 서로 어떻게 관련되는지에 대한 문제를 해결했다. 베이즈의 정리에서 그는 다음과 같은 해법을 제시했다.

$$P(A|B) = P(A) \times P(B|A) / P(B)$$

이것은 무슨 의미일까? 의료 테스트의 결과를 해석하는 것은 베이즈의 정리가 실제로 적용되는 것을 볼 수 있는 좋은 사례가 된다. 어느 환자가 심각하지만 인구의 1%에 영향을 미칠 정도로 희귀한 질병(I)에 걸렸을 가능성이 있는 증상을 보인다고 가정해보자. 이 질병을 확인할 수 있는 아주 좋은 검사(T)가 있는데, 이 검사의 신뢰도는 95%이다. 즉, 검사 결과 이 병에 걸린 사람 100명 중 95명은 양성 반응이 나오지만, 이 병에 걸린 사람 100명 중 5명은 음성 반응이 나오고(위음성), 건강한 사람 100명 중 5명이 양성 반응이 나온다(위양성)는 뜻이다. 이 사례에서 양성 결과는 무엇을 의미할까? 이 환자가 질병에 걸렸을 가능성이 95%라고 생각한다면 그것은 잘못된 것이다. 베이즈 방정식에 수치를 대입해 그 이유를 알아보자.

P(I) 환자가 질병에 걸렸을 확률은 0.01이다.

P(I|T) 환자가 질병에 걸렸고 양성 반응이 나올 확률은 0.95이다.

P(T) 실제 질병 유무와는 상관없이 질병에 걸렸다는 검사 결과가 나올 확률은 위양성 비율(0.05)과 질병에 걸리지 않은 인구 비율(0.99)을 곱한 값인 0.0495이다. 이 값에 같은 방식으로 계산된 위음성을 더하면 총 0.099가 나온다.

P(T|I) 여기서 구해야 하는 값은 환자가 질병에 걸렸으면서 검사 결과가 양성이 나올 확률이다. 모두 종합하면 다음과 같은 식이 나온다.

$$P(T|I) = 0.01 \times 0.95/0.099$$
$$= 0.0959$$

다시 말하면, 검사 결과가 양성으로 나오는 경우에도 병에 걸렸을 확률은 10% 미만이다. 이것은 아마 예상했던 것보다 다소 낮은 수치일 것이다.

베이즈 정리는 다양하게 활용될 수 있는 강력한 도구지만 현명하게 사용되어야 한다. 다른 모든 것들이 그렇듯이, 좋은 증거가 바탕이 되어야 더 확실한 수치를 구할 수 있다. 타당한 수치가 있어야 확실한 결과를 도출할 수 있다. 빈약한 수치는 쓸모가 없다.

10

로그, 계산이 쉬워지다

1614년, 존 네이피어John Napier가 로그표를 발표했을 때 그 파급은 엄청났다. 네이피어의 로그표는 사람들이 계산하는 방식에 혁명을 가져왔다. 예를 들면 항해하는 선원, 계획을 수립하는 토지 측량사나 군사 측량사, 특히 천문학자 등 큰 단위의 수를 계산하는 일이 잦은 사람들에게 큰 변화를 가져왔다. 프랑스의 수학자 피에르 시몽 라플라스Pierre Simon Laplace(1749~1827)는 네이피어의 새로운 도구가 '천문학자의 수명을 두 배로 늘렸다'고 감사의 말을 전하기도 했다.

또한, 네이피어는 자신이 확립한 로그의 계산 속도를 높이기 위해 다른 계산법을 연구하기도 했다. 네이피어는 처음으로 소수점의 표기를 도입했고 이진수를 사용한 계산법을 제안했다. 또, 그는 네이피어의 막대Napier's bones를 발명했는데, 이 일련의 막대기를 다양한 방식으로 조합하여 숫자의 열을 가로로 읽음으로써 큰 수의 곱셈과 나눗셈을 할 수 있었다. 아이작 뉴턴Isaac Newton은 계산을 돕기 위해 네이피어의 막대를 사용했다. 1970년대 전자계산기가 나타나기 전까지 과학자와 공학자에게 로그는 필수적인 도구였다.

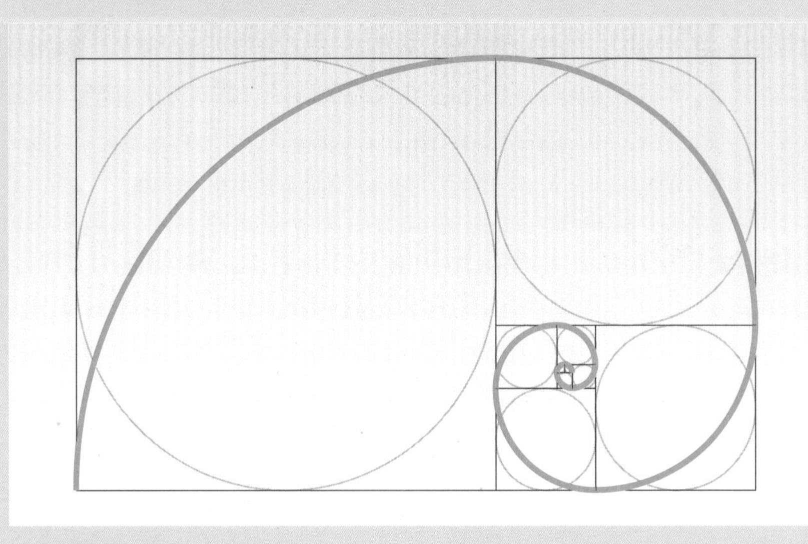

로그 나선의 예

로그 연대표

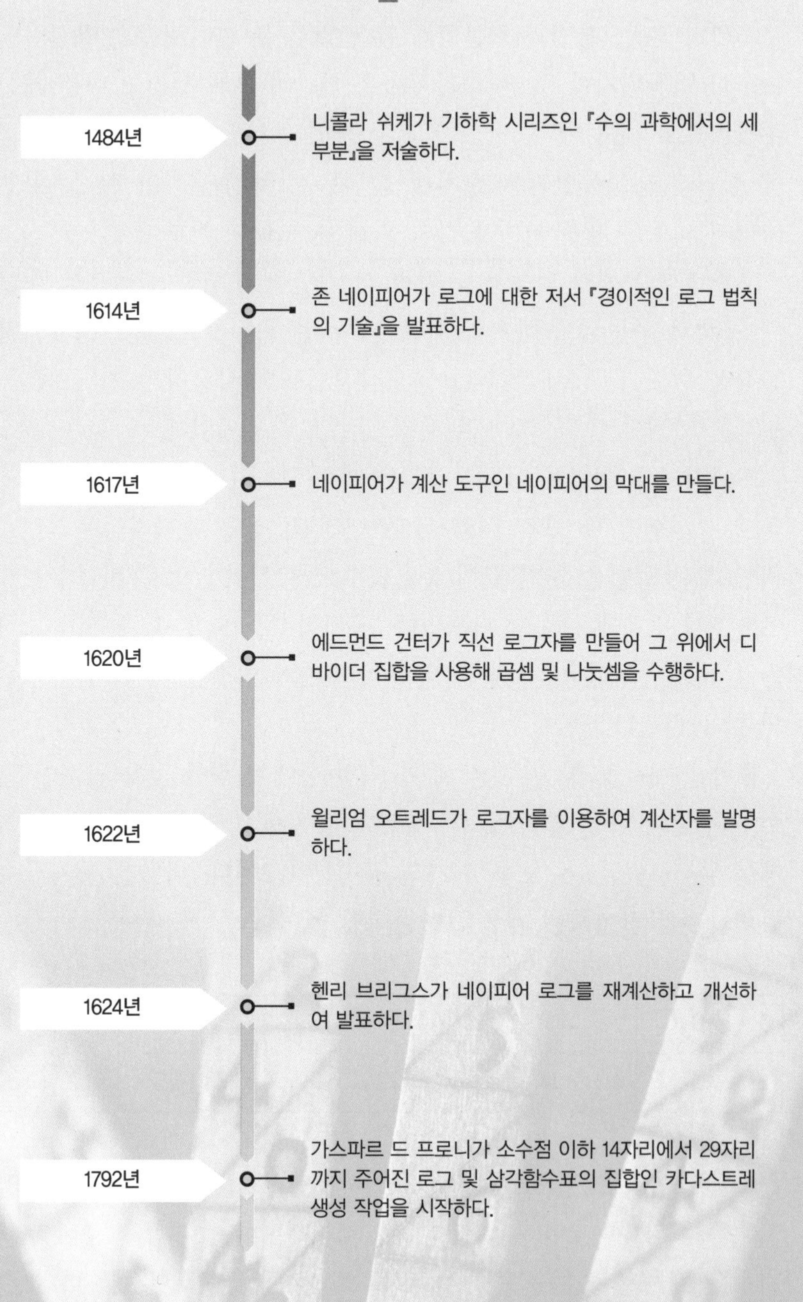

1484년	니콜라 쉬케가 기하학 시리즈인 『수의 과학에서의 세 부분』을 저술하다.
1614년	존 네이피어가 로그에 대한 저서 『경이적인 로그 법칙의 기술』을 발표하다.
1617년	네이피어가 계산 도구인 네이피어의 막대를 만들다.
1620년	에드먼드 건터가 직선 로그자를 만들어 그 위에서 디바이더 집합을 사용해 곱셈 및 나눗셈을 수행하다.
1622년	윌리엄 오트레드가 로그자를 이용하여 계산자를 발명하다.
1624년	헨리 브리그스가 네이피어 로그를 재계산하고 개선하여 발표하다.
1792년	가스파르 드 프로니가 소수점 이하 14자리에서 29자리까지 주어진 로그 및 삼각함수표의 집합인 카다스트레 생성 작업을 시작하다.

계산의 간편화

16세기 후반, 항법과 천문학과 같은 많은 분야가 새롭게 발전하면서 과학이 번창했지만, 많은 과학자들은 시간이 오래 걸리고 힘든 계산을 수작업으로 해야 했다. 이러한 고된 작업의 부담을 덜고, 장시간 계산에 필연적으로 동반되는 오차를 줄이는 것이 해결해야 할 문제였다. 따라서 새로운 계산 기법을 찾기 위해 큰 노력이 이루어졌다.

그중에서 곱셈과 나눗셈을 훨씬 더 간단한 덧셈과 뺄셈으로 대체하여 곱셈과 나눗셈을 하지 않아도 되는 방법을 찾으려는 노력이 많은 관심을 받았다. 16세기 후반에는 삼각법표를 사용하여 긴 곱셈과 나눗셈을 덧셈과 뺄셈으로 변형시킨 방법도 사용되었다.

15세기와 16세기에 니콜라 쉬케Nicolas Chuquet(1445~1488년경)와 미하엘 슈티펠Michael Stifel(1487~1567년경)과 같은 수학자들은 더 효과적인 계산 방법을 찾기 위해 등차급수arithmetic series와 등비급수geometric series의 관계에 관심을 기울였다. 등차급수는 1, 2, 3, 4, 5, 6...이나 2, 4, 6, 8...처럼 각 수와 이전 항의 차이가 일정한 값을 가지는 수열의 합을 말한다.

등비급수는 첫 항 이후 각 수가 이전 항에 일정한 값을 곱하여 만들어진 수열의 합을 말하며, 이 일정한 값을 공비common ratio라고 한다. 예를 들어, 수열 16, 8, 4, 2, 1의 공비는 1/2이다. 다음은 등차급수와 등비급수를 결합하여 계산을 단순화한 예이다.

0	1	2	3	4	5	6	7	8	9	10
1	2	4	8	16	32	64	128	256	512	1024

표에서 아랫줄은 등비수열로 2의 거듭제곱이다. 윗줄은 등차수열로 지수를 나타내며, 이 지수만큼 2를 제곱하여 거듭제곱을 구한다. 즉, 지수는 표시된 숫자를 구하기 위해 거듭제곱을 한 횟수를 나타낸다.

예를 들어 2^4(즉, 2×2×2×2)=16이다. 암산으로 8과 128을 곱할 수도 있지만, 이 표를 보고 답을 구하는 것이 더 쉽다. 같은 수의 거듭제곱의 곱셈은 지수의 덧셈으로 간단히 계산할 수 있다. 8×128은 $2^3 \times 2^7$과 같으며, 이것은 2^{3+7}, 즉 2^{10}이다. 이 값은 1024로 표에서 확인할 수 있다. 덧셈 3+7이 곱셈 8×128보다 훨씬 쉽다는 데 동의할 수 있을 것이다. 바로 이 방법을 훨씬 더 정교하게 만든 것이 네이피어가 창안한 로그의 핵심이었다.

존 네이피어

존 네이피어(John Napier, 1550~1617)는 스코틀랜드 귀족으로 머키스턴의 8대 영주로도 알려져 있으며, 그가 자란 곳은 현재 에든버러의 네이피어 대학교의 일부가 되었다. 네이피어는 1563년에 13세의 나이로 세인트앤드루스 대학교에 입학해 교육을 받았지만, 학위를 취득하기 전에 학교를 떠났다. 그가 학업을 지속하기 위해 유럽으로 떠났을 가능성도 있지만, 어디에서 공부했는지에 대한 기록은 없다.

네이피어는 수학에 관심이 많았을 뿐만 아니라 신학과 군비에 대해서도 열성적으로 배우려고 했다. 네이피어가 서명한 어느 문서에는 다양한 발명품 목록이 나열되어 있었는데, 그중에는 무기가 발사되는 작은 구멍이 있는 금속 마차도 포함되어 있었다. 이것은 매우 초기 형태의 탱크에 해당한다.

네이피어는 괴짜 같은 성격도 있었는데, 외출할 때는 그의 트레이드마크인 검은 망토를 입고 검은 수탉을 데리고 다니기도 해서 마법사라고 알려지기도 했다. 한 이야기에 따르면, 네이피어는 미리 몰래 수탉을 숯으로 검게 칠한 뒤에 자신의 하인들에게 한 명씩 수탉을 쓰다듬으라고 시킴으로써 그들 중에서 도둑을 찾을 수 있었다. 네이피어는 이 마법의 수탉이 도둑의 손에 표시를 남길 것이라고 말했다. 아무런 죄가 없는 하인들은 숨길 것이 없었기 때문에 기꺼이 수탉을 쓰다듬었지만, 도둑은 쓰다듬지 않았다. 도둑의 손이 깨끗했기 때문에 그의 죄가 들통나고 말았다.

존 네이피어

로그의 기본 개념은 매우 간단하다. 종종 시간이 오래 걸리고 지루한 두 수의 곱셈을 더 간단한 두 수의 덧셈으로 대체하는 것이다. 각 수는 그 수에 동치인 '인위적인 수'를 가진다(이후에 네이피어는 '인위적인 수' 대신 비율을 뜻하는 그리스어 logos와 수를 뜻하는 그리스어 arithmos를 조합하여 '로가리듬logarithm'이라는 용어를 만들었다). 인위적인 수, 즉 로그 두 개를 더한 값은, 원래 수로 변환했을 때 원래의 두 수를 곱한 값과 같다.

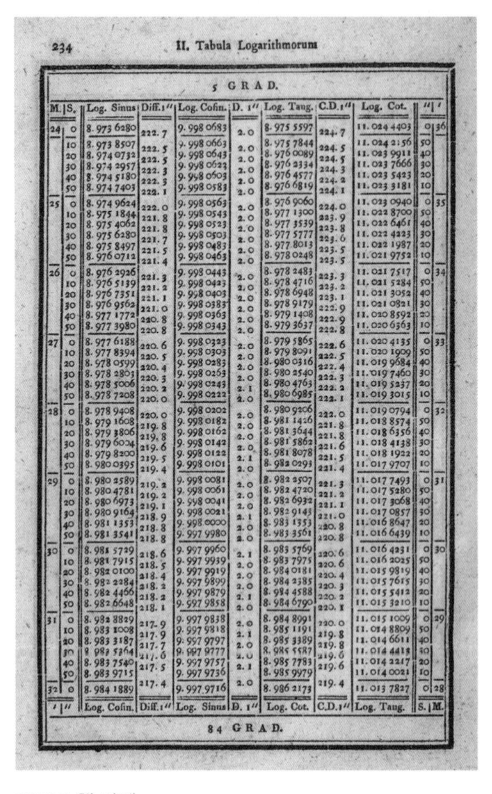

234 II. Tabula Logarithmorum

5 GRAD.

M.	S.	Log. Sinus	Diff.1"	Log. Cosin.	D. 1"	Log. Taug.	C.D.1"	Log. Cot.	"	'
24	0	8.973 6280	222.7	9.998 0683	2.0	8.975 5597	224.7	11.024 4403	0	36
	10	8.973 8507	222.5	9.998 0663	2.0	8.975 7844	224.5	11.024 2156	50	
	20	8.974 0732	222.5	9.998 0643	2.0	8.976 0089	224.5	11.023 9911	40	
	30	8.974 2957	222.3	9.998 0623	2.0	8.976 2334	224.3	11.023 7666	30	
	40	8.974 5180	222.3	9.998 0603	2.0	8.976 4577	224.2	11.023 5423	20	
	50	8.974 7403	222.1	9.998 0583	2.0	8.976 6819	224.1	11.023 3181	10	
25	0	8.974 9624	222.0	9.998 0563	2.0	8.976 9060	224.0	11.023 0940	0	35
	10	8.975 1844	221.8	9.998 0543	2.0	8.977 1300	223.9	11.022 8700	50	
	20	8.975 4062	221.8	9.998 0523	2.0	8.977 3539	223.8	11.022 6461	40	
	30	8.975 6280	221.7	9.998 0503	2.0	8.977 5777	223.6	11.022 4223	30	
	40	8.975 8497	221.5	9.998 0483	2.0	8.977 8013	223.5	11.022 1987	20	
	50	8.976 0712	221.4	9.998 0463	2.0	8.978 0248	223.5	11.021 9752	10	
26	0	8.976 2926	221.3	9.998 0443	2.0	8.978 2483	223.3	11.021 7517	0	34
	10	8.976 5139	221.2	9.998 0423	2.0	8.978 4716	223.2	11.021 5284	50	
	20	8.976 7351	221.1	9.998 0403	2.0	8.978 6948	223.1	11.021 3052	40	
	30	8.976 9562	221.0	9.998 0383	2.0	8.978 9179	222.9	11.021 0821	30	
	40	8.977 1772	220.8	9.998 0363	2.0	8.979 1408	222.9	11.020 8592	20	
	50	8.977 3980	220.8	9.998 0343	2.0	8.979 3637	222.8	11.020 6363	10	
27	0	8.977 6188	220.6	9.998 0323	2.0	8.979 5865	222.6	11.020 4135	0	33
	10	8.977 8394	220.5	9.998 0303	2.0	8.979 8091	222.5	11.020 1909	50	
	20	8.978 0599	220.4	9.998 0283	2.0	8.980 0316	222.4	11.019 9684	40	
	30	8.978 2803	220.3	9.998 0263	2.0	8.980 2540	222.3	11.019 7460	30	
	40	8.978 5006	220.2	9.998 0243	2.1	8.980 4763	222.2	11.019 5237	20	
	50	8.978 7208	220.0	9.998 0222	2.0	8.980 6985	222.1	11.019 3015	10	
28	0	8.978 9408	220.0	9.998 0202	2.0	8.980 9206	222.0	11.019 0794	0	32
	10	8.979 1608	219.8	9.998 0182	2.0	8.981 1426	221.8	11.018 8574	50	
	20	8.979 3806	219.8	9.998 0162	2.0	8.981 3644	221.8	11.018 6356	40	
	30	8.979 6004	219.6	9.998 0142	2.0	8.981 5862	221.6	11.018 4138	30	
	40	8.979 8200	219.5	9.998 0122	2.1	8.981 8078	221.5	11.018 1922	20	
	50	8.980 0395	219.4	9.998 0101	2.0	8.982 0293	221.4	11.017 9707	10	
29	0	8.980 2589	219.2	9.998 0081	2.0	8.982 2507	221.3	11.017 7493	0	31
	10	8.980 4781	219.2	9.998 0061	2.0	8.982 4720	221.2	11.017 5280	50	
	20	8.980 6973	219.1	9.998 0041	2.0	8.982 6932	221.1	11.017 3068	40	
	30	8.980 9164	218.9	9.998 0021	2.1	8.982 9143	221.0	11.017 0857	30	
	40	8.981 1353	218.8	9.998 0000	2.0	8.983 1353	220.8	11.016 8647	20	
	50	8.981 3541	218.8	9.997 9980	2.0	8.983 3561	220.8	11.016 6439	10	
30	0	8.981 5729	218.6	9.997 9960	2.1	8.983 5769	220.6	11.016 4231	0	30
	10	8.981 7915	218.5	9.997 9939	2.0	8.983 7975	220.6	11.016 2025	50	
	20	8.982 0100	218.4	9.997 9919	2.0	8.984 0181	220.4	11.015 9819	40	
	30	8.982 2284	218.2	9.997 9899	2.0	8.984 2385	220.3	11.015 7615	30	
	40	8.982 4466	218.2	9.997 9879	2.1	8.984 4588	220.2	11.015 5412	20	
	50	8.982 6648	218.1	9.997 9858	2.0	8.984 6790	220.1	11.015 3210	10	
31	0	8.982 8829	217.9	9.997 9838	2.0	8.984 8991	220.0	11.015 1009	0	29
	10	8.983 1008	217.9	9.997 9818	2.1	8.985 1191	219.8	11.014 8809	50	
	20	8.983 3187	217.7	9.997 9797	2.0	8.985 3389	219.8	11.014 6611	40	
	30	8.983 5364	217.6	9.997 9777	2.0	8.985 5587	219.6	11.014 4413	30	
	40	8.983 7540	217.5	9.997 9757	2.1	8.985 7783	219.6	11.014 2217	20	
	50	8.983 9715	217.4	9.997 9736	2.0	8.985 9979	219.4	11.014 0021	10	
32	0	8.984 1889		9.997 9716		8.986 2173		11.013 7827	0	28
'	"	Log. Cosin.	Diff.1"	Log. Sinus	D. 1"	Log. Cot.	C.D.1"	Log. Taug.	S.	M.

84 GRAD.

로그표 책 발췌

나눗셈의 경우, 한 로그를 다른 로그에서 뺀 값이 원래 수로 변환했을 때 원래 수 두 개를 나눈 값과 같다.

네이피어는 로그에 대한 그의 연구를 처음으로 소개한 책『경이적인 로그 법칙의 기술Mirifici Logarithmorum Canonis Descriptio』을 1614년에 발표했다. 그는 복잡한 계산을 다루어야 하는 대다수의 사람들은 일반적으로 삼각법을 이용하여 계산한다는 사실을 알고 있었다. 그래서 그는 삼각법의 맥락에서 자신의 로그를 확립해 로그가 더 적절하고 유용하게 사용되도록 만들었다.

로그를 구하는 방법에 대한 네이피어의 접근법은 흥미로운 것이었고 수학자들은 네이피어가 이런 방식을 채택한 이유를 여전히 이해하지 못했다. 네이피어는 두 개의 입자가 두 개의 평행선을 따라 움직인다고 상상했다. 첫 번째 평행선의 길이는 무한하지만, 두 번째 평행선의 길이는 고정되어 있다. 네이피어는 두 입자가 동일한 출발점에서 동일한 속도로 동시에 출발한다고 상상했다. 네이피어는 무한선상에서 이동하는 첫 번째 입자는 일정한 시간 간격으로 일정한 거리를 움직이는 등속운동을 하도록 했다. 그리고 고정된 길이의 선상에서 이동하는 두 번째 입자는 입자의 위치에서 선의 끝까지 남은 거리에 비례한 속도로 이동하도록 했고, 이것은 선의 끝에 가까워질수록 속도가 느려지는 것을 의미했다. 두 번째 입자가 출발점과 선 끝의 중간 지점에 도달하면 출발했을 때보다 절반의 속도로, 3/4 지점에 도착하면 1/4의 속도로, 이런 식으로 계속되는 것이다. 이것은 두 번째 입자가 사실상 선의 끝까지 절대 도달할 수 없다는 것을 뜻한다. 이와 마찬가지로, 무한선상에 있는 첫 번째 입자도 절대 선의 끝에 도달할 수 없다.

이 두 입자가 이동하는 동안, 어느 순간에도 두 입자의 위치 사이에는 고유한 대응이 이루어진다. 무한선상의 출발점에서 입자까지의 거리는, 두 번째 입자가 선의 끝까지 도달해야 하는 거리의 로그이다. 다시 말하면, 어느 순간에 첫 번째 입자가 이동한 거리는 두 번째 입자가 아직 이동하지 않은 거리의 로그이다. 앞서 살펴보았던 개념과 연관 지어 생각해보면, 첫 번째 입자의 수열은 등차수열arithmetic progression이고 두 번째 입자의 수열은 등비수열geometric progression이다.

네이피어의 막대

존 네이피어는 로그 외에도 독창적인 계산 도구를 발명했다. 네이피어의 막대는 곱셈, 나눗셈과 같은 다양한 연산과 제곱근과 세제곱근을 구하는 데 사용할 수 있는 막대 10개로 구성되어 있다. 막대의 앞면 상단에는 1부터 9까지 숫자가 새겨져 있으며 그 수의 배수가 차례로 위에서 아래로 새겨져 있다. 막대를 서로 나란히 놓으면 막대에서 곱셈의 값을 읽을 수 있다. 물론 일부 곱에서 숫자를 더하는 것은 사용자의 몫이다. 예를 들어 막대를 이용해 826×742를 계산해보자. 먼저 8, 2, 6에 대한 막대를 나란히 붙여 놓는다. 그리고 7의 배수, 4의 배수, 2의 배수를 나타내는 줄의 수를 대각선으로 더해 부분적인 곱셈 값을 구하고, 이 값을 더해 답을 구하면 된다.

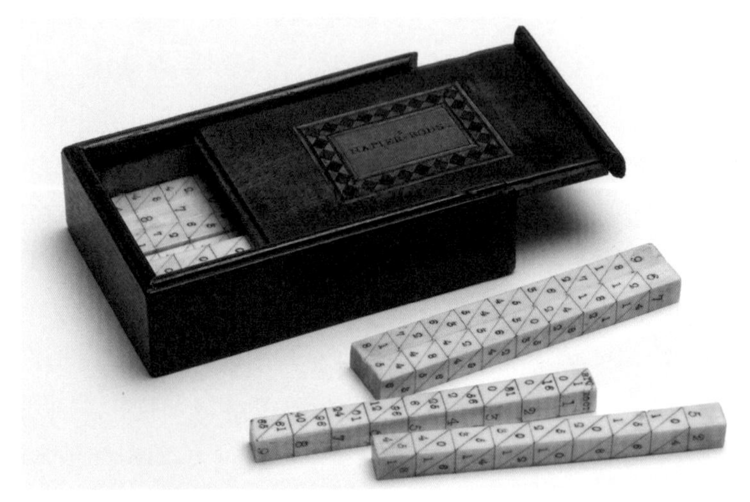

네이피어의 막대. 아이작 뉴턴은 계산을 돕기 위해 네이피어의 막대를 사용했다.

네이피어가 창안한 초기의 로그는 나중에 사용된 로그의 형태와는 상당히 달랐다. 네이피어는 로그를 삼각법 대신 사용하려는 의도로 만들었기 때문에, 그가 계산한 것은 일반적인 수의 로그가 아닌 사인과 탄젠트의 로그였다. 네이피어는 기하학 교수 헨리 브리그스Henry Briggs(1561~1630)와 협력하여 그의 로그를 간편하게 만드는 작업을 했다. 두 사람은 논의하여 1의 로그를 0으로, 10의 로그를 1로 재정의하기로 결정했다. 그 이전에 네이피어는 훨씬 더 복잡한 방법을 사용했다.

네이피어와 브리그스가 만든 접근법은 로그를 훨씬 더 쉽게 사용할 수 있게 만들어주었다. 또한 브리그스는 log10=1, log100=2, log1,000=3 등을 기초로 일반적인 수의 로그 계산에 도움을 주었으며, 이것을 바탕으로 몇 년간 표를 다시 계산했다. 브리그스가 다시 계산한 표에서는 로그가 소수점 아래 14자리까지 계산되어 있으며, 이것은 1624년에 출판되었다. 브리그스가 계산한 로그는 10을 밑으로 하는 로그로서 log10 또는 상용로그common logarithm로 알려졌다.

파리 에펠탑 – 가스파르 드 프로니를 비롯한 72명의 이름이 에펠탑에 새겨져 있다.

위에서 예로 제시된 2의 거듭제곱은 단순하게 밑수 2, 또는 log2 표로 생각할 수 있다. 수학적으로 말하자면, 로그는 단순히 지수의 역(숫자의 거듭제곱)이며 모든 밑수에 해당한다.

얼마 지나지 않아 로그에 대한 지식이 전파되었다. 항해사인 에드워드 라이트Edward Wright는 라틴어로 작성된 네이피어의 원본 문서를 영어로 번역했다. 브리그스는 런던의 그레샴 대학에서 교수로 재직하며 로그에 대해 강의했으며, 동 대학 천문학 교수인 에드먼드 건터Edmund Gunter 역시 마찬가지였다. 몇 년 만에 로그표는 프랑스, 독일, 네덜란드에서 출판되었다. 18세기가 끝날 무렵, 가스파르 드 프로니Gaspard de Prony(1755~1839)는 카다스트레 표Tables de Cadastre의 편찬을 관장했다. 이 대규모 사업은 17권의 책으로 집대성되었는데, 여기에는 200,000까지에 이르는 숫자에 대한 로그가 포함되었고 모두 최소 소수점 아래 19자리까지 표시되었다.

계산자

물론 오늘날에는 모든 사람이 스마트폰에 있는 계산기 애플리케이션을 사용하고 있지만, 1980년대에 소형 계산기가 보급되기 전에는 모든 과학자, 기술자, 건축가, 그리고 고등학생은 거의 400년 전에 발명된 계산자를 사용하는 방법을 알고 있었다.

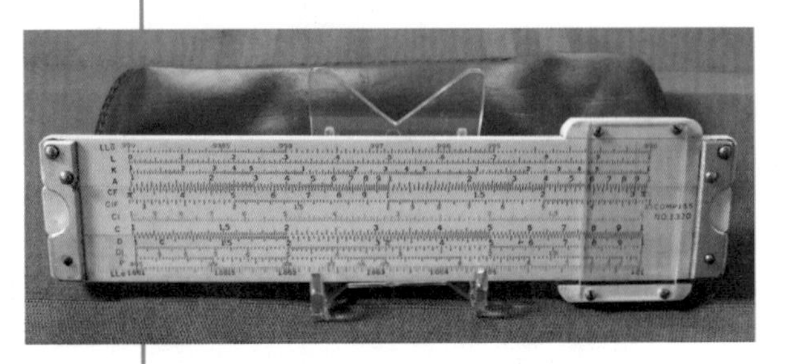

계산자의 예

계산자의 시초는 1620년 에드먼드 건터(Edmund Gunter, 1581~1626)의 발상으로 시작되었다. 그는 나무판 위에 로그 눈금을 새긴 다음, 두 개의 값을 더하기 위해 컴퍼스를 사용함으로써 표에서 로그를 찾는 데 시간이 소요되는 과정을 대체할 수 있다는 것을 깨달았다. 에드먼드 건터와 동시대에 살았던 저명한 수학자 중 한 명인 윌리엄 오트레드(William Oughtred, 1574~1660)는 곧이어 또 다른 생각을 내놓았다. 오트레드는 만약 나무판 가장자리를 따라 로그 눈금을 표시한 로그자가 두 개 있다면, 서로 상대적인 관계에서 이 로그자 두 개를 밀어 움직일 수 있고, 따라서 디바이더 두 개를 사용할 필요가 없어진다고 생각했다. 이렇게 해서 계산자가 만들어졌다. 이후 아이작 뉴턴과 함께 증기 기관을 발명한 기술자 제임스 와트(James Watt)를 비롯한 발명가들이 계산자를 더 발전시킬 수 있는 발상을 내놓았고, 계산자는 그 후 몇백 년간 정교해지고 발전되었다.

윌리엄 오트레드

로그자

로그자는 측정되는 것의 실젯값 대신 그 값의 로그를 사용하여 측정하는 도구이다. 로그자에 표시된 눈금의 각 단계는 이전 단계의 배수이다. 따라서 log10=1, log100=2, log1,000=3, log10,000=4 등과 같은 방식으로 계속된다. 일반 자에서는 숫자가 일정한 간격으로 표시되지만, 로그자에서는 숫자가 높아질수록 간격이 좁아진다. 또한 단위가 한 눈금 올라갈수록 측정되는 것의 값은 10배 증가한다는 것을 나타낸다.

예를 들어, 소리의 단계를 측정하는 데 사용되는 데시벨 척도는 선형이 아닌 로그이다. 보통 인간의 귀로 감지할 수 있는 가장 작은 소리는 20 μPa(마이크로 파스칼)의 압력 변화로, 이것은 20×10^{-5} Pa이다. 이것을 청력 역치Threshold of Hearing라고 한다. 반면에, 로켓이 발사대에서 이륙하는 것과 같이 매우 큰 소음이 발생하는 사건의 경우에는 음압이 약 2,000 Pa(파스칼), 즉 2×10^{9} μPa의 큰 압력 변화를 가진다. 범위가 20에서 20억까지 이르는 광범위한 척도를 통해 소리의 크기를 표현하는 것은 어렵고 성가신 일이다. 따라서 이러한 문제를 피하기 위해 데시벨(dB) 척도가 사용된다. 데시벨 척도는 20 μPa의 청력 역치를 0 dB 기준 레벨로 정의한다. 소리가 10배 커지면 데시벨 값 10이 할당되고, 소리가 100배 커지면 데시벨 값 20이 할당되며, 소리가 1,000배 커지면 데시벨 값 30이 할당된다.

로그에 기초한 데시벨 척도를 사용하는 또 다른 이유는 간단히 말해 척도가 인간이 실제로 소리를 듣는 방식에 부합하도록 하기 위해서인데, 인간의 귀에 소리가 두 배 더 시끄럽게 들리는 경우, 그 소리의 강도는 열 배 더 높다.

로그 척도가 과학에 사용되는 다른 예로는 지진 강도를 측정하는 데 사용되는 리히터 척도가 있다. 리히터 규모 7을 기록한 지진은 리히터 규모 6을 기록한 지진보다 열 배 더 강력하다. 산도와 알칼리도를 측정하는 pH 척도도 로그를 기초로 한다. 구글Google의 페이지랭크PageRank 시스템도 로그이다. 페이지랭크가 5인 사이트는 페이지랭크가 3인 사이트보다 100배 더 인기가 많다.

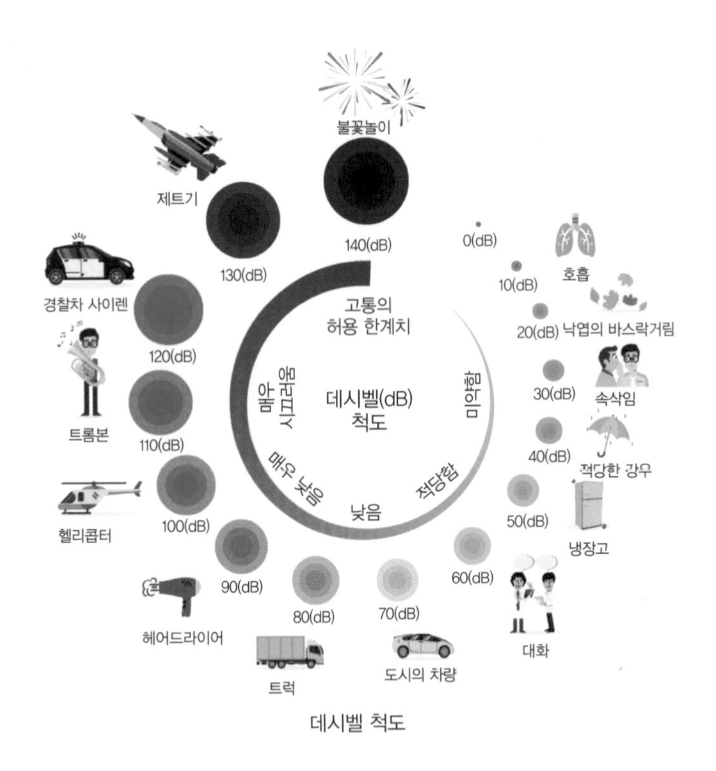

데시벨 척도

"자연의 모든 결과는 다만 몇 가지 불변의 법칙이
수학적으로 전개된 결과이다."

*"All of nature's results are the result of
mathematical development of some immutable laws"*

⋮

피에르 시몽 라플라스Pierre Simon Laplace

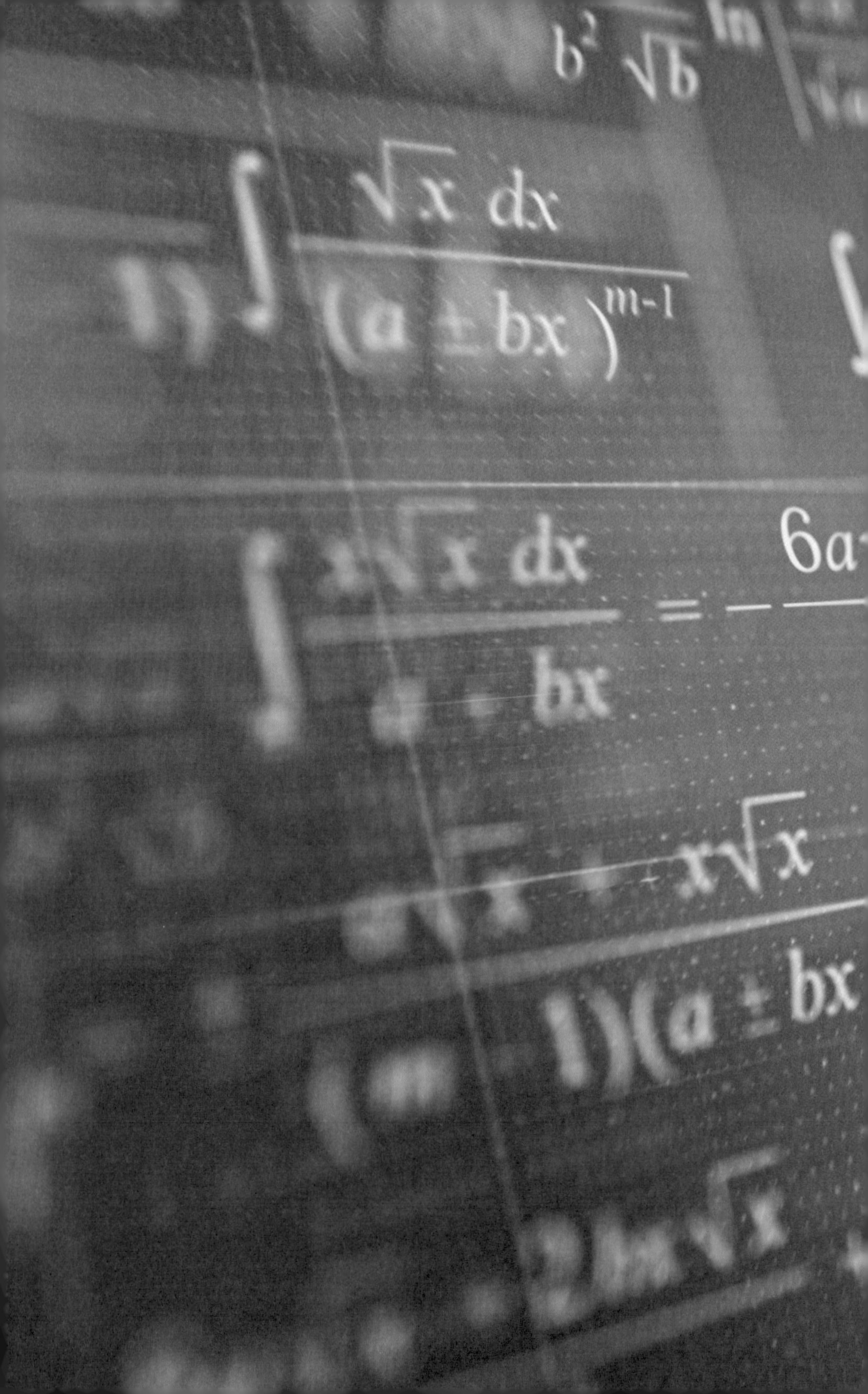

b² √b
√x dx
(a ± bx)m-1
dx
6a
bx
x√x
(a ± bx

Chapter

11

기하학, 좌표와 만나다

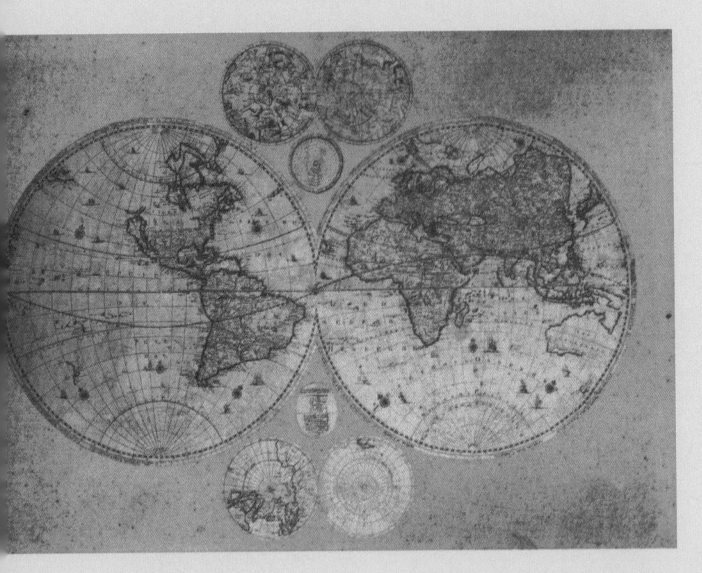

사물이 어디에 있는지를 아는 것은 언제나 중요하다. 임의의 점을 파악하는 문제를 해결하는 한 가지 방법은 프랑스의 수학자이자 철학자인 르네 데카르트René Descartes가 창안한 좌표계를 이용하는 것이다.

데카르트는 평면상에서 임의의 점의 위치를 두 개의 수로 표현하는 방법을 제시했다. 하나의 수는 그 지점의 수평 위치를 나타내고, 다른 수는 수직 위치를 나타내는 것이다. 이 체계는 나중에 데카르트 좌표로 알려졌다.

그 이전까지 수학은 수와 도형이라는 뚜렷이 다른 두 가지 갈래로 나뉘어져 있었다. 데카르트는 대수학이 기하학으로 표현될 수 있고 그 반대의 경우도 가능하므로 기하 도형이 수 체계에 통합될 수 있다고 통찰했다. 이것은 수학적 도구에 강력한 해법을 새로 추가한 해석 기하학analytic geometry의 시초가 되었다.

이후 데카르트의 발상은 거리와 각도를 사용하여 점의 위치를 설명하는 극좌표polar coordinates의 공식화로 이어진다. 자코브 베르누이Jacob Bernoulli가 창안한 극좌표는 궁극적으로 수학 역사에서 가장 중요한 발견 중 하나인 미적분학의 발전을 가져온다.

좌표 연대표

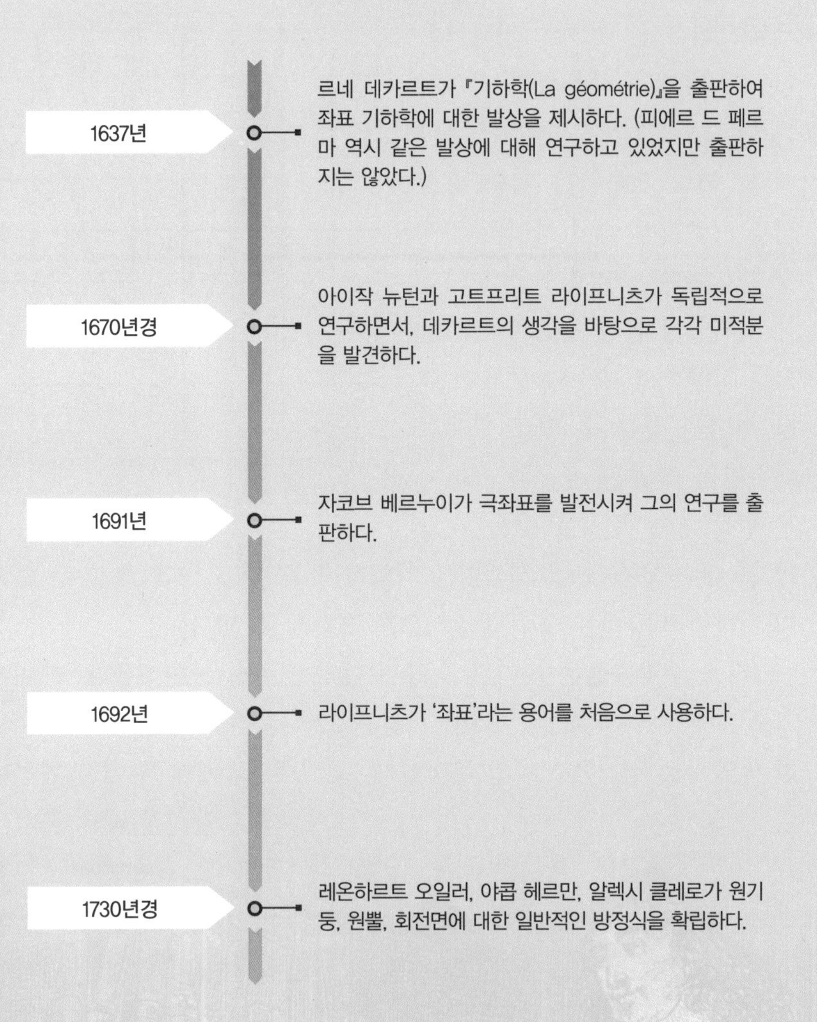

1637년	르네 데카르트가 『기하학(La géométrie)』을 출판하여 좌표 기하학에 대한 발상을 제시하다. (피에르 드 페르마 역시 같은 발상에 대해 연구하고 있었지만 출판하지는 않았다.)
1670년경	아이작 뉴턴과 고트프리트 라이프니츠가 독립적으로 연구하면서, 데카르트의 생각을 바탕으로 각각 미적분을 발견하다.
1691년	자코브 베르누이가 극좌표를 발전시켜 그의 연구를 출판하다.
1692년	라이프니츠가 '좌표'라는 용어를 처음으로 사용하다.
1730년경	레온하르트 오일러, 야콥 헤르만, 알렉시 클레로가 원기둥, 원뿔, 회전면에 대한 일반적인 방정식을 확립하다.

기하학과 대수학의 결합

좌표 기하학, 즉 해석 기하학은 대수적 방법을 사용하여 기하학 문제를 해결하는 수학의 한 분야이다. 해석 기하학은 대수 방정식과 기하학적 곡선 사이의 관계를 확립한다는 점에서 중요하다. 해석 기하학을 통해 기하학적 방법을 사용하여 대수학 문제에 대한 해법을 찾을 수 있고 반대로 대수학적 방법을 사용해 기하학 문제에 대한 해법을 찾을 수도 있다. 대수 문제에 대한 해법은 기하학적 곡선으로 시각화될 수 있으며 기하학적 곡선은 대수 방정식으로 표현될 수 있다.

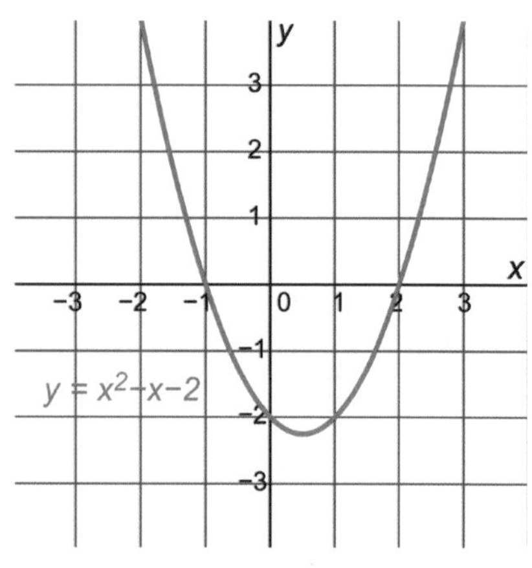

대수 이차방정식과 이차방정식을 그래프에 곡선으로 표현한 예

그리스 수학자들은 이러한 수와 도형의 연관성을 이해했다. 메나이크모스Menaechmus(기원전 380~기원전 320)는 좌표 사용과 매우 비슷한 방법으로 정리theorem를 증명했다. 동시대인들에게 '위대한 기하학자'로 알려진 베르게의 아폴로니오스Apollonius(기원전 262~기원전 190년경)는 수학의 발전에 커다란 영향을 끼쳤으며, 아폴로니오스의 저서 『원추곡선론Conics』은 해석 기하학 발전의 첫걸음으로 여겨진다. 그는 원뿔곡선을 원뿔과 평면의 공통부분으

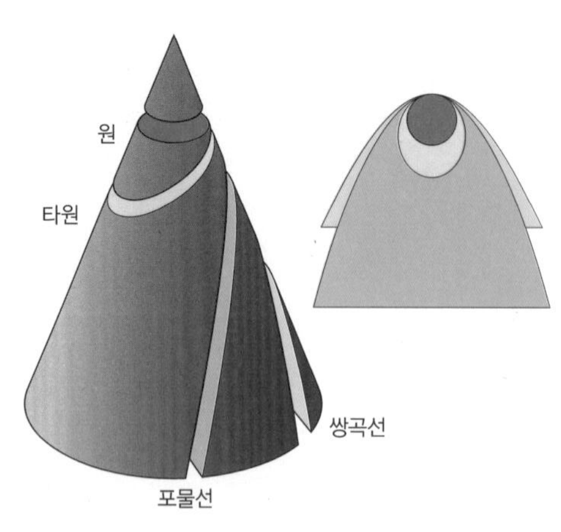

원뿔곡선

로 표시되는 곡선이라고 정의하고 원뿔곡선의 특성을 이차방정식으로 표현할 수 있었다. 아폴로니오스는 포물선, 쌍곡선과 같이 오늘날에도 여전히 사용되는 용어도 제안했다.

르네 데카르트

오늘날 르네 데카르트(René Descartes, 1596~1650)는 아마 철학자로서 더 잘 알려졌을 것이다. 데카르트는 과학과 수학을 통해 의미를 발견하기 위해 합리적 접근법을 채택해야 한다고 확신했다. 그는 수학을 바탕으로 모든 과학에 적용할 수 있는 연역적 추론 방법을 고안했다. 데카르트는 물리적 세계가 작동하는 방법을 설명하기 위해 수학과 논리를 철학과 결합했고, 신체와 정신은 분리되어 있다는 이원론을 주장했다. 즉, 정신은 정신적이거나 영적인 실체(substance)인 반면, 신체는 물질적 실체라는 것이다. 또한 데카르트는 우리의 감각을 통한 경험에 의존하지 않지만 '2+2=4'이고 '정육면체의 면은 여섯 개이다'와 같이 일반적으로 진실로 여겨지는 사물에 대한 우리의 지식은 신뢰할 수 없다는 특이한 생각을 가지고 있었다. 왜냐하면 신은 우리가 셈을 할 때마다 틀릴 수밖에 없도록 우리를 만들었기 때문이라는 것이다! 데카르트가 확신할 수 있었던 유일한 것은 그가 존재한다는 사실이었다. 이러한 생각은 그가 남긴 유명한 말인 "나는 생각한다, 고로 나는 존재한다(이후 라틴어 '코기토 에르고 줌(Cogito, ergo sum)'으로 번역되었다)"로 잘 알려져 있다.

프란스 할스의 르네 데카르트의 초상화

데카르트의 『기하학La géométrie』은 당시 저술된 기하학 책 중에서 가장 영향력이 큰 편에 속했다. 이 책은 데카르트의 '코기토 에르고 줌' 사상을 제시한 데카르트의 『방법서설Discours de la méthode』의 부록으로 저술되었다. 데카르트는 『기하학』의 도입부에서 다음과 같이 밝혔다. "기하학의 모든 문제는 어떤 직선의 길이에 대한 지식만 있으면 해결할 수 있다는 말로 축약할 수 있다." 그런 다음, 그는 기하학과 대수의 결합을 통해 어떻게 문제를 풀 수 있는지 보여주었다.

데카르트는 『기하학』에서 평면 위에 있는 임의의 점의 위치를 표시하는 것은 숫자 두 개, 즉 좌표만으로 충분히 가능하다고 말했다. 데카르트는 천장에서 기어 다니는 파리를 쳐다보다가 좌표에 대한 기발한 발상을 떠올렸다고 전해진다. 그는 평면 위에서 원점이라고 하는 지점에서 직교하는 두 개의 수직선, 즉 축을 기준으로 해서 파리의 경로를 점들의 연속 급수로 정할 수 있다는 것을 깨달았다. 현재 우리는 가로축을 'x축' 그리고 세로축을 'y축'으로 지정하고 있다.

예를 들어, 이 문장의 첫 글자인 '예'의 위치를 나타내려면, 현재 쪽의 왼쪽 끝에서부터 글자 '예'까지 거리를 측정하고 그 거리를 x mm라고 한다. 그런 다음 현재 쪽의 아래 부분에서부터 글자 '예'까지 거리를 측정하고 그 거리를 y mm라고 한다. 그러면 현재 쪽에서 글자 '예'의 위치는 x, y가 된다.

피에르 드 페르마Pierre de Fermat는 x축과 y축에 세 번째 축인 z축을 직각이 되게 추가하여 점을 3차원 공간에서 좌표로 나타낼 수 있도록 했다. 사실 페르마가 데카르트보다 앞서 좌표 체계를 창안했을 가능성이 있다. 1636년에 페르마가 저술하고 있었던 논문은 오늘날의 좌표 기하학, 즉 해석 기하학을 요약한 것이었다. 안타깝게도 페르마는 자신의 생각을 블레즈 파스칼과 같은 다른 수학자들과 공유했지만 출판은 하지 않았다. 같은 시기에 데카르트는 자신의 좌표 체계를 창안했고, 1637년에 그 연구 결과를 발표했다. 과학의 세계에서는 먼저 발표하는 사람이 그 공을 가져가게 된다. 그렇기 때문에 '페르마의 좌표'라고 하지 않는 것이다.

수학으로 인한 죽음

데카르트는 아침형 인간은 아니었다. 그는 으레 오전 11시가 넘을 때까지 침대에서 일어나질 않았다(파리를 보느라 그랬을 수도 있다). 데카르트의 느긋한 일상이 깨진 것은 그가 1649년에 스웨덴으로 가서 크리스티나 여왕의 수학 가정교사로 일하면서였다. 참담하게도 여왕은 매일 아침 5시에 수업을 받길 원했다. 데카르트에게 스톡홀름의 추운 새벽을 견디는 것은 힘든 일이었고, 몇 달 만에 데카르트는 폐렴에 걸려 겨우 53세의 이른 나이에 사망했다.

크리스티나 여왕의 궁정에서의 데카르트

모든 방정식은 평면에 해법을 좌표로 표시하여 나타낼 수 있다. 예를 들어 방정식 $y=x$는 점 (0, 0), (1, 1), (2, 2), (3, 3) 등을 지나는 직선으로 나타낸다. 방정식 $y=4x$는 점 (0, 0), (1, 4), (2, 8), (3, 12) 등을 지나는 직선으로 나타낸다. x^2, x^3 등이 포함되는 더 복잡한 방정식에 대한 해법은 다양한 유형의 곡선으로 나타낼 수 있다. 예를 들어 $x^2+y^2=6$은 원을 나타내고, $y^2-4x=3$은 포물선을 나타낸다.

점이 곡선을 따라 움직이면서 점의 좌표는 변한다. 그리고 곡선에 대한 방정식은 곡선을 따라 임의의 점에서 좌표의 값이 어떻게 변하는지를 보여

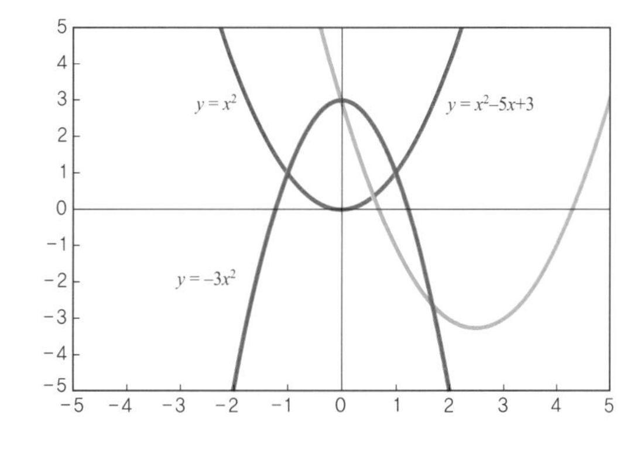

그래프로 나타낸 이차방정식

준다. 이제 한 쌍의 연립방정식의 해를 대수적으로 구하거나 그래프를 이용해서 구할 수 있다. x와 y의 값은 방정식의 선이 교차하는 점의 좌표이다.

원, 타원, 포물선 또는 쌍곡선과 같은 임의의 곡선을 이차방정식으로 나타낼 수 있게 된 것은 과학자들에게 매우 큰 도움이 되었다. 이러한 곡선은 실제 세계에 존재하기 때문이다. 예를 들어, 발사체의 경로는 포물선이고 궤도 안에 있는 행성의 경로는 타원이다.

지도와 수학

데카르트 좌표가 중요하게 사용된 다른 분야는 지도학이다. 현재 위치를 파악할 수 없다면 지도는 소용이 없다. 이 문제를 해결하기 위해 모든 지도에는 번호가 매겨진 선으로 된 좌표가 표시되어 있다. 지도상에서 임의의 장소의 위치는 단 두 개의 숫자만으로 규정될 수 있다. 한 숫자는 동서축을 따라, 그리고 다른 숫자는 남북축을 따라 정해진다.

오랜 역사 속에서 지도와 수학은 함께 해 왔다. 앞서 살펴봤듯이 이집트 측량사들은 기하학을 사용해 토지 경계를 측정하는 데 능숙했다. 물론 이집트인들이 이렇게 측정한 값을 넓은 지역의 지도에 결합했다는 증거는 없다. 세계가 둥글다는 것을 알고 원의 둘레를 정확하게 측정할 수 있었던 그리스인들은 지도학에 많은 공헌을 했다. 예를 들면 그들은 격자를 사용해서 장소의 위치를 나타냈는데, 이것은 현대의 위도 및 경도 좌표 체계의 전신이다.

염두에 두어야 할 점은 바로 지구가 평평하지 않다는 사실

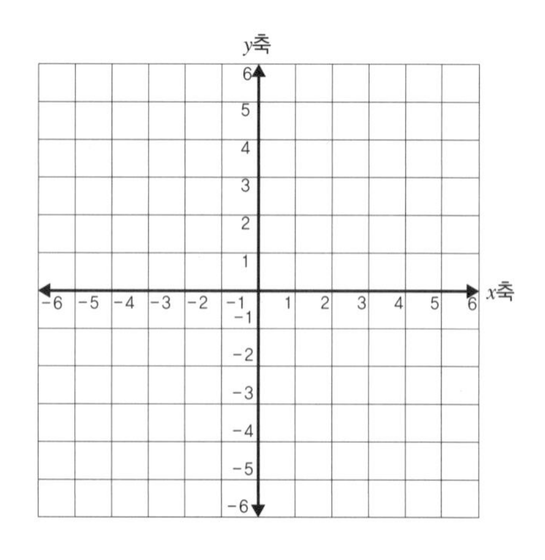

데카르트 좌표

이다. 인근 지역의 지도에 대해서는 편의를 위해 지구가 평평하다고 가정할 수도 있지만, 세계지도에 있어서는 문제에 봉착하게 된다. 사실 지구를 평평한 표면 위에 나타내기 위해 데카르트 좌표를 사용하는 것은 기하학적으로 불가능하지만, 이것은 카를 프리드리히 가우스Carl Friedrich Gauss의 곡면 해석으로 증명될 수 있다.

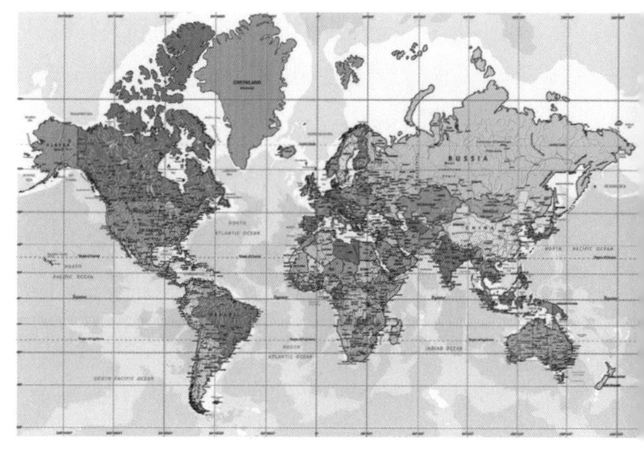
메르카토르 투영법을 이용한 세계지도

극좌표

극좌표는 거리와 방향을 사용해 위치를 설명하는 방법이다. x와 y 좌표를 부여하여 격자상에서 위치를 지정하는 것이 아니라, 한 점의 극좌표를 고정점(원점 또는 극점)에서부터의 거리와 극점을 통과하는 고정축에서부터 측정한 각도로 점의 위치를 나타내는 것이다. 따라서 점 P의 극좌표는 (r, θ)가 된다. 이때 r은 원점 O에서부터의 거리이며, θ는 Ox와 OP 사이의 각도이다. 이 체계는 17세기에 자코브 베르누이가 발전시켰다. 극좌표를 입체적으로 수정한 구면좌표는 천문학자가 천체

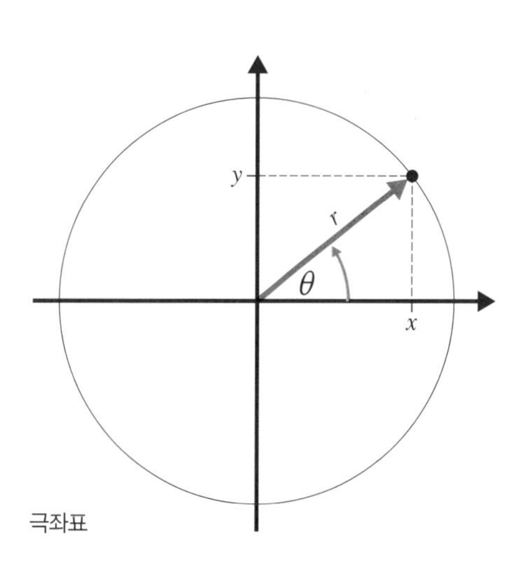

극좌표

의 위치를 정확하게 나타내기 위해 사용한다.

해석 기하학의 발전으로 인해 아이작 뉴턴과 고트프리트 라이프니츠가 각각 미적분을 창안할 수 있는 토대가 마련되었다. 또한 3차원 세계를 넘어 기하학을 탐험할 수 있는 가능성도 열어주었으며, 일반적으로 시각화할 수 없었던 것들을 이제는 수학이라는 관점에서 더 면밀히 살펴볼 수 있게 되었다. 해석 기하학은 수학뿐만 아니라 우주가 작동하는 방식에 대한 물리학자들의 생각에도 변화를 가져온 개념이었다.

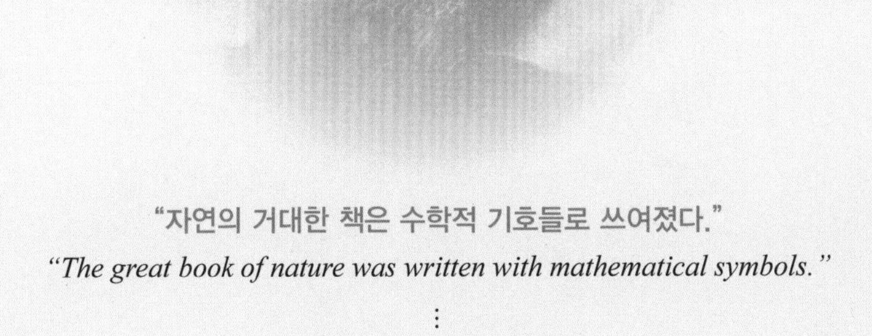

"자연의 거대한 책은 수학적 기호들로 쓰여졌다."

"The great book of nature was written with mathematical symbols."

⋮

갈릴레오 갈릴레이Galileo Galilei

Chapter

12

미적분학, 과학적 혁명

1670년대 미적분학의 발견(혹은 발명)은 수학사를 바꾼 획기적인 사건이었다. 아이작 뉴턴과 고트프리트 라이프니츠는 독립적으로 미적분학을 창안했으며 격렬한 표절 논쟁을 벌였다. 누가 그 공로를 차지하든지 간에 미적분학은 가장 위대한 수학적 발견 중 하나이다. 미적분학은 많은 과학 분야에서 여러 번 제기된 문제였던 끊임없이 변화하는 양을 이해해야 할 필요성에서 창안되었다. 미적분학은 그리스인의 정적인 기하학에서 근본적으로 벗어난 것으로, 미적분학의 발견은 과학자들이 일정한 흐름 속에 있는 우주를 이해하는 시발점이 되었다. 한 예로 뉴턴은 낙하하는 물체를 가속화시키는 중력의 영향을 이해하려고 노력했다. 뉴턴은 미적분학을 이용해 이 문제를 해결했으며, 20세기 초까지 독보적이었던 물리학의 원리를 확립할 수 있었다.

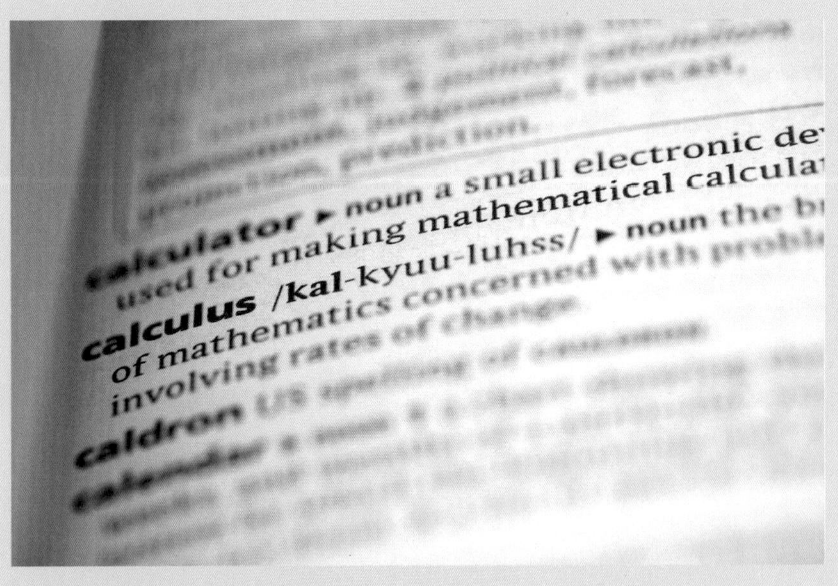

미적분학은 수학 언어의 일부가 되었다.

미적분학 연대표

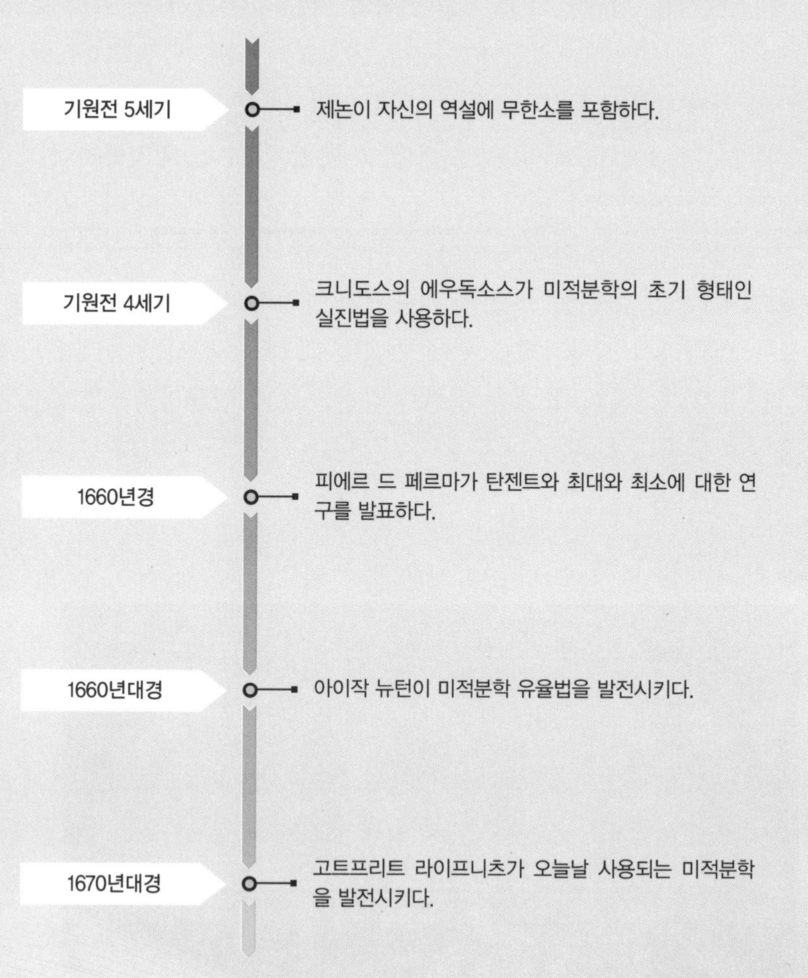

기원전 5세기	제논이 자신의 역설에 무한소를 포함하다.
기원전 4세기	크니도스의 에우독소스가 미적분학의 초기 형태인 실진법을 사용하다.
1660년경	피에르 드 페르마가 탄젠트와 최대와 최소에 대한 연구를 발표하다.
1660년대경	아이작 뉴턴이 미적분학 유율법을 발전시키다.
1670년대경	고트프리트 라이프니츠가 오늘날 사용되는 미적분학을 발전시키다.

곡선의 계산

미적분학의 기원은 고대 그리스까지 거슬러 올라간다. 크니도스의 에우독소스Eudoxus(기원전 408~기원전 355)는 저명한 수학자로, 플라톤의 아카데메이아에서 교육을 받고 있었다. 에우독소스는 무리수를 설명할 수 있는 비례 이론을 제시했을 뿐만 아니라, 획기적인 실진법method of exhaustion에 대한 연구도 수행했다. 실진법은 미적분학의 초기 형태이며, 곡선 아래의 넓이를 구하는 데 사용되었다. 실진법은 아르키메데스가 π 값을 구할 때 사용했던 방법과 비슷한데, 아르키메데스는 잇따라서 정다각형을 원에 가까워지도록 그려서 원둘레의 근삿값을 구했다. 에우독소스는 자신이 발견한 초기 형태의 미적분학을 사용하여 원뿔의 부피는 그 원뿔이 내접하는 원기둥 부피의 1/3이라는 것을 증명했다.

라파엘로의 〈아테네 학당〉 - 그리스인은 기하학에 정통했으며 몇 세기 후 미적분학의 발달을 위한 토대를 마련했다.

실진법

실진법은 면의 수가 점점 증가하는 정다각형을 원에 내접하도록 그린 다음, 정다각형의 넓이를 계산하여 원의 넓이를 구하는 방법이다. 이 과정은 정다각형의 둘레와 원둘레 사이의 공간이 거의 완전히 채워질 때까지, 즉 실진될 때까지 계속된다. 다각형의 변의 수가 많을수록 원의 넓이의 근삿값은 더 정확해진다.

인도와 중동의 수학자들이 뉴턴과 라이프니츠보다 수 세기 앞서 미적분학과 매우 연관된 개념을 탐구했다는 증거가 있다. 한 예로 인도의 수학자 마드하바Madhava는 14세기에 미적분학을 발명했다.

제논과 무한급수

무한급수(infinite series)는 항의 개수가 무한인 급수를 말한다. 기원전 5세기에 그리스의 철학자 제논(Zeno)은 다음과 같은 역설을 제시했는데, 이 역설은 운동이 착각임을 보여주는 듯하다. 아킬레스가 거북이와 경주를 한다. 경주를 공평하게 하기 위해 아킬레스는 거북이를 아킬레스보다 100 m 앞에서 출발하도록 한다. 만약 아킬레스가 거북이보다 10배 빠르게 달린다면, 아킬레스가 거북이의 출발점에 도달할 때쯤이면 거북이는 10 m 앞서게 된다. 그리고 아킬레스가 그 지점에 도달할 때쯤이면 거북이는 몇 미터 더 앞서 있다. 이런 식으로 아킬레스가 앞서가는 거북이가 있던 지점에 도달하면 항상 거북이는 그보다 앞서게 되며, 이 과정은 영원히 지속된다. 이러한 논리로 아킬레스는 거북이를 영원히 따라잡지 못한다! 아킬레스가 거북이가 있던 마지막 위치까지 도달하는 지점의 수는 무한하지만, 모든 지점 사이의 거리를 합한 값은 유한하다. 이것을 수렴하는 급수(convergent series)라고 말한다. 무한급수의 이해가 뉴턴과 라이프니츠가 미적분학을 발명하는 데 핵심적이었을 것이다.

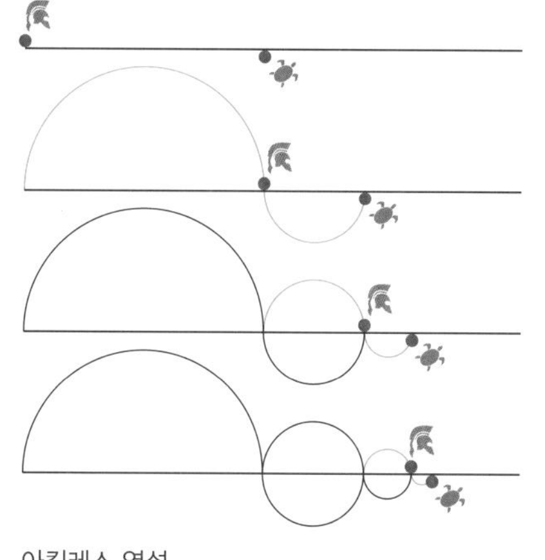

아킬레스 역설

근사법

에우독소스와 아르키메데스는 곡선 아래의 넓이를 구하는 적분을 발명했다. 하지만 임의의 점에서 곡선의 기울기를 구하는, 즉 적분의 반대 개념에 해당하는 미분은 별개의 문제였다. 데카르트가 창안한 해석 기하학은 이 문제를 해결할 수 있는 훌륭한 도구를 제공했다.

이 문제에 접근하는 한 가지 방법은 근사법이다. 한 직선의 기울기는 어디에서 측정하더라도 동일하지만 곡선의 기울기는 항상 바뀐다. 곡선의 변화는 아주 작게 변화하는 직선의 급수로 상상할 수 있으며, 이때 각 직선은 곡선과 한 점에서 접한다. 곡선과 접하는 직선을 접선 tangent(탄젠트)이라고 한다. 곡선 위의 특정 점에서의 기울기는 점점 감소하는 곡선 선분의 평균 기울기를 구하여 근삿값으로 구할 수 있다. 이 곡선의 선분 크기가 0에 가까워지면서(즉, x의 극소량의 변화) 기울기 값은 한 점에서 정확한 기울기에 더 근접하게 된다. 한 점에서의 곡선의 기울기, 즉 그 점을 지나는 접선의 기울기를 구하는 함수를 도함수derivative라고 한다.

피에르 드 페르마(107~108쪽 참조)는 포물선과 쌍곡선에 대한 도함수를 발견했다. 그리고 접선이 x축과 평행한 시점인 미분계수가 0인 점을 고려하여, 최대와 최소maxima and minima, 즉 곡선의 극대점과 극소점에 대해 연구했다. 일부 수학자들은 페르마의 이러한 연구 때문에 그를 진정한 '미적분학의 아버지'라고 여긴다. 뉴턴을 가르친 케임브리지 대학교의 수학 교수인 아이작 배로Isaac Barrow(1630~1677) 역시 접선을 사용하여 미분계수를 구하는 방법을 설명했다.

뉴턴은 "나는 페르마가 접선

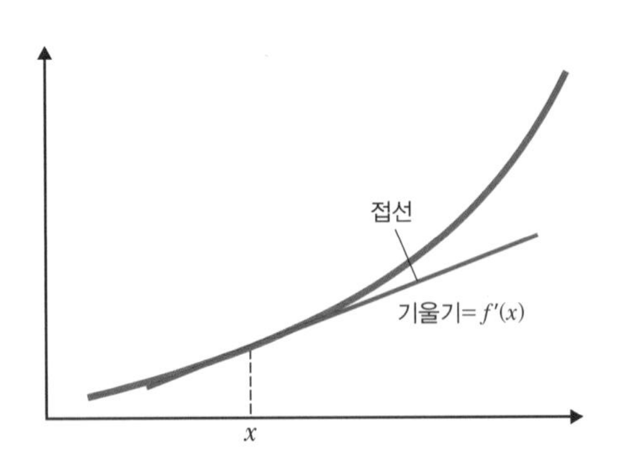

곡선과 접선

을 그리는 방법에서 힌트를 얻었고, 그 방법을 추상적인 방정식에 적용해 일반화했다."고 말하며 페르마의 공헌을 인정했다.

극한을 구하다

극한은 수학에서 중요한 개념이다. 극한은 수열에서 항의 개수가 무한대에 가까워질 때 근접하게 되는 값이다. 극한을 구하는 것은 결코 끝나지 않는 과정을 다루는 방법이다. 수학자들은 일련의 근삿값을 구하고, 수열이 하나의 값으로 접근하는지를 판단함으로써 이러한 과정을 이해할 수 있다. 물론 실제로는 하나의 값에 도달할 수 없다. 극한은 미적분학에서 필수적인 부분이며 무한소 개념을 가능하게 한다.

아이작 뉴턴

아이작 뉴턴Isaac Newton(1642~1727)은 그가 살던 시대뿐만 아니라 다른 모든 시대를 통틀어 가장 위대한 과학자 중 한 명이다. 뉴턴은 인류 역사상 가장 영향력 있는 사람 중 한 명이라고 널리 인정받는다. 뉴턴이 1687년에 출판한 『자연철학의 수학적 원리Philosophiae naturalis principia mathematica』(보통 줄여서 『프린키피아Principia』)는 이제까지 출판된 과학 서적 중에서 가장 위대한 것이라 할 수 있다. 뉴턴은 광학 분야에서 정교한 실험을 했으며 과학으로서의 역학을 창안했다. 20세기 초, 알베르트 아인슈타인Albert Einstein이 나타나기

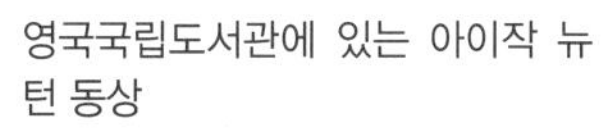
영국국립도서관에 있는 아이작 뉴턴 동상

전까지는 중력을 비롯하여 사물이 공간을 통과해 움직이는 방식에 대한 이해는 거의 전적으로 뉴턴의 통찰을 바탕으로 했다. 또한 뉴턴은 조폐국의 수장직과 하원의원을 지냈으며, 영국 최고의 과학 기관인 왕립학회의 회장을 역임하였다.

수학에 관한 한, 뉴턴의 가장 큰 업적은 미적분학의 발명이다. 하지만 이런 생각을 해낸 것은 뉴턴만이 아니었다. 고트프리트 라이프니츠 Gottfried Leibniz(1646~1716) 역시 미적분학을 발명했다. 뉴턴과 라이프니츠는 서로 미적분학 발명의 공적을 주장하며 불쾌한 논쟁을 벌였다.

뉴턴은 자신의 발명을 미적분학이 아니라 유율법method of fluxions이라고 일컬었다. 그는 좌표에 해당하는 두 개의 움직이는 선이 있는 곡선을 따라 움직이는 입자를 상상했다. 유율은 곡선상의 특정 지점에서 순간변화율instantaneous rate of change, 즉 미분계수를 말한다. 곡선상에서 변화하는 x 좌표와 y 좌표는 유량fluent, 즉 '흐르는 양'이라고 불렀다. 뉴턴은 자신의 유율법을 사용해 곡선상의 임의의 점에서의 기울기를 계산할 수 있었다. 1666년 10월, 그는 유율에 관한 자신의 연구에 대해 저술했다. 뉴턴이 그 당시 자신의 연구를 출판하지는 않았지만, 그의 생각은 미적분학의 발전에 중대한 영향을 주었다고 많은 수학자들은 보고 있다.

라이프니츠의 등장

뉴턴이 자신의 연구를 출판하지 않은 것은 안타까운 결과를 가져왔다. 멀리 독일에서는 고트프리트 라이프니츠가 같은 분야에서 연구를 하고 있었다. 라이프니츠는 철학자이자 외교관이면서 뛰어난 수학자이기도 했다. 프로이센의 국왕인 프리드리히 2세는 한 때 라이프니츠를 가리켜 '라이프니츠는 아카데미 전체'라고 말하기도 했다. 1670년대에 뉴턴이 최초로 미적분학을 발견하고 몇 년이 지난 후, 라이프니츠는 미적분학과 매우 유사한 이론을 발전시켰으며 이것은 뉴턴의 연구와는 완전히 독립적으로 이루어졌다. 라이프니츠는 약 2개월 이내에 적분과 미분 이론을 완벽하게 발전시켰다. 뉴턴은 자신이 만든 다소 어려운 유율법을 다른 사람이 사용할 수 있게 하려는 노력을 하지 않았다. 그런 뉴턴과는 달리, 라이프니츠는 자신이 만든 체계를 다른 사람이 쉽게 이해하고 사용할 수 있도록 많은 노력을 기울였다.

라이프치히에 있는 고트프리트 라이프니츠 동상

뉴턴과 마찬가지로 라이프니츠 역시 런던 왕립학회의 회원이었다. 따라서 라이프니츠가 뉴턴의 유율법에 대해 알았을 가능성은 확실히 있었다. 뉴턴은 분명히 라이프니츠의 연구에 대해 들었으며, 1676년 라이프니츠에게 '특허'를 주장하는 암호로 된 편지를 썼다. 그 편지에서 뉴턴은 "지금 유율법에 대해 설명할 수는 없네. 따라서 그것을 감추기를 더 원하네."라고 썼다. 하지만 라이프니츠는 뉴턴과 달리 자신의 연구를 기꺼이 출판했다. 그래서 유럽에서 처음으로 미적분학에 대해서 알게 된 것은 1684년, 뉴턴이 아닌 라이프니츠를 통해서였다(뉴턴은 1693년까지 미적분학에 대한 연구를 전혀 발표하지 않았다). 라이프니츠는 자신의 저서에서 뉴턴에 대해 아무런 언급을 하지 않았으며, 우선권에 대해 질문을 받았을 때 "어떤 사람은 한 가지 공헌을 하고, 다른 사람은 다른 공헌을 한다."고 답했다. 이후 뉴턴은 "두 번째로 발명하는 사람은 아무것도 아니다."라고 반박했다.

왕립학회는 이 두 사람의 경쟁적인 주장에 대해 판결을 내려달라는 요청을 받고, 뉴턴은 최초 발견의 공로를, 그리고 라이프니츠는 최초 출판의 공로를 세웠다고 인정했다. 하지만 당시 왕립학회는 뉴턴이 회장직을 맡고 있었기 때문에 다소 편파적이었다. 이후에 왕립학회는 라이프니츠가 표절을 했다고 비난했으며, 이것은 라이프니츠가 결코 회복할 수 없는 인신공격이 되었다. 라이프니츠가 사망한 후, 뉴턴은 자신이 '라이프니츠의 마음을 아프게 했다'고 자랑했을 지도 모른다.

그러나 결국에는 라이프니츠의 수학이 이기게 되었다. 오늘날 여전히 많은 수학자들이 뉴턴의 미적분학이 아니라 라이프니츠의 표기법과 그의 미적분학 방법을 사용한다.

미적분학이란 무엇인가?

수학자들은 미적분학을 사용해 시간의 흐름에 따른 양의 변화율을 분석할 수 있게 되었다. 미적분학은 미분(differential calculus)과 적분(integral calculus)이라는 두 가지 범주로 나누어진다. 미분은 중력에 의한 물체의 가속과 같은 변화율을 다룬다. 그리고 적분은 무한히 적은 양의 합산을 다루며, 곡선 아래의 넓이를 계산할 때 사용된다. 또한 시간의 흐름에 따른 순변화를 구할 수 있다. 미적분학은 파도의 작용, 행성의 운동, 화학 반응의 변화율과 같은 다양한 여러 분야에서 사용된다.

"만물의 근원은 수이다."

"The root of all things is number."

⋮

피타고라스Pythagoras

BUSINESS
CORPORATE
SUCCESS
MANAGEMENT
MONEY
COMMUNICATION
CORPORATE
ENTERPRISE
5659564
5645646
5956564
6564548
1265489
4565456
9894465
3125646
5678987
7643547
PAYMENT
CUSTOMER
BUSINESS
PRODUCT

Chapter

13

그림으로 나타낸 수, 시각 데이터

17세기 후반과 18세기 초반의 계몽주의 시대, 즉 이성 시대에 유럽에서는 과학적이고 기술적인 사고가 번창했으며 지속적으로 발전했다. 계몽주의의 성과로 현대 과학이 탄생하고 산업혁명이 시작되었으며, 이때부터 새로운 데이터와 정보가 엄청나게 축적되었다. 과학자, 공학자, 그리고 경제학자들은 이러한 모든 데이터를 처리하고 이해할 새로운 방법이 필요하게 되었다. 즉, 데이터를 시각화할 방법이 필요하게 된 것이다.

오늘날 데이터를 그래픽과 차트 형태로 표현하는 인포그래픽스Infographics는 우리에게 매우 익숙한 개념이다. 하지만 250년 전에 글과 그림은 전혀 다른 별개의 정보 전달 방식이었으며, 글과 그림이 함께 사용되는 경우는 거의 없었다. 그러나 윌리엄 플레이페어William Playfair(1759~1823)가 이 모든 것을 바꾸었다. 플레이페어는 통계 그래픽의 창시자이며, 선 그래프, 원그래프, 그리고 막대그래프의 발명가였다. 인포그래픽은 당시에도 엄청난 영향을 미쳤으며 오늘날에도 여전히 중요하다.

우리는 데이터를 표시하는 그래픽이라는 시각적 언어에 익숙하다.

시각 데이터 연대표

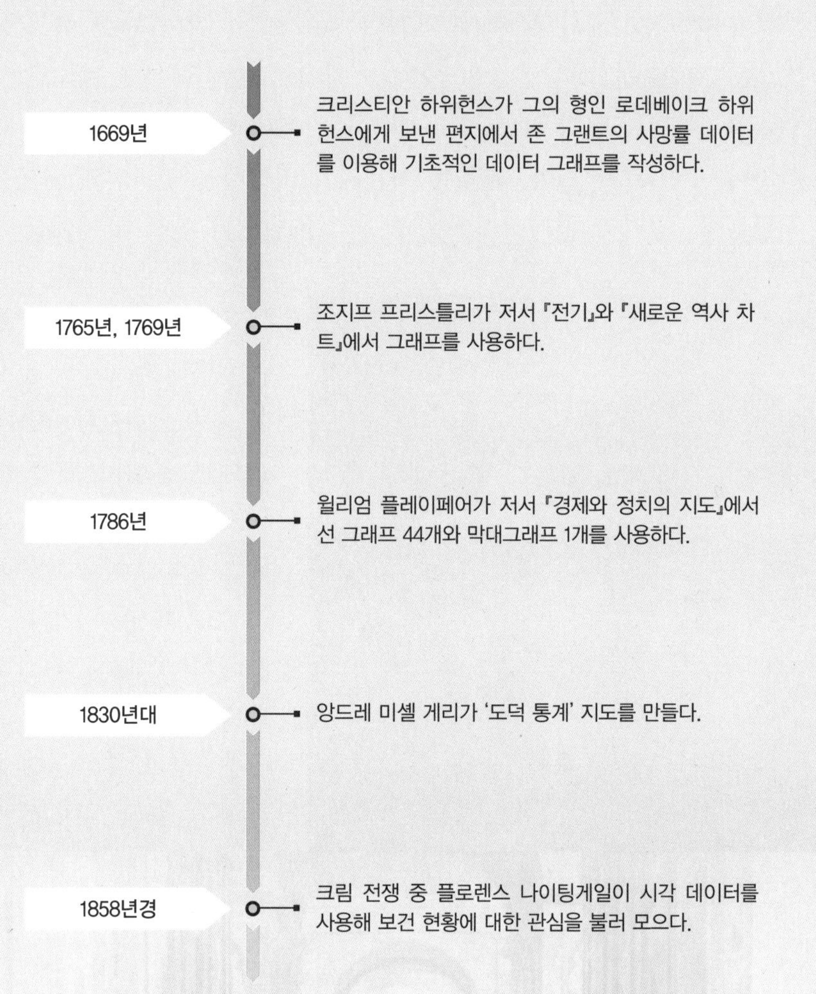

1669년	크리스티안 하위헌스가 그의 형인 로데베이크 하위헌스에게 보낸 편지에서 존 그랜트의 사망률 데이터를 이용해 기초적인 데이터 그래프를 작성하다.
1765년, 1769년	조지프 프리스틀리가 저서 『전기』와 『새로운 역사 차트』에서 그래프를 사용하다.
1786년	윌리엄 플레이페어가 저서 『경제와 정치의 지도』에서 선 그래프 44개와 막대그래프 1개를 사용하다.
1830년대	앙드레 미셸 게리가 '도덕 통계' 지도를 만들다.
1858년경	크림 전쟁 중 플로렌스 나이팅게일이 시각 데이터를 사용해 보건 현황에 대한 관심을 불러 모으다.

인포그래픽의 탄생

윌리엄 플레이페어William Playfair는 1759년에 스코틀랜드의 던디 인근에서 제임스 플레이페어James Playfair 목사의 넷째 아들로 태어났다. 윌리엄 플레이페어의 형인 존 플레이어John Playfair는 당시의 저명한 과학자이자 수학자였으며, 1772년 아버지가 사망하자 윌리엄의 교육을 책임졌다. 윌리엄 플레이페어는 탈곡기를 발명한 앤드류 메이클Andrew Meikle 밑에서 견습공으로 일했다. 그 이후 1777년에는 위대한 공학자 제임스 와트James Watt의 제도공이자 개인 조수로서 제임스 와트와 매튜 볼턴Matthew Boulton이 소유한 증기 기관 공장에서 일했다. 윌리엄 플레이페어는 최고의 스승들로부터 과학 교육과 공학 교육을 받았다고 말할 수 있다.

장 피에르 우엘의 〈바스티유의 습격〉

1789년, 당시 파리에 살고 있던 플레이페어는 프랑스 혁명의 도화선이 된 바스티유 감옥 습격사건에 참여했다. 혁명이 있고 몇 년 후 공포 정치가 시작되면서 그는 환멸을 느끼고 파리를 떠났다.

플레이페어는 실용적이고 창의적이었던 것으로 알려졌다. 대체로 제임스 와트와 함께 일하면서 축적된 공학에 대한 그의 지식은 타의 추종을 불허했다. 그는 최초의 대량 생산용 은도금 숟가락을 비롯해 여러 가지 특허를 출원했다. 또한 다양한 방식으로 농기구의 개선과 개조를 제안했다.

열정적인 팸플릿 집필자pamphleteer였던 플레이페어는 직접 정치와 경제 관련 글을 쓰면서 수치를 예로 들었다. 그는 시각적으로 통계를 나타내는 것이 이해를 높이는 데 큰 도움이 된다는 것을 알게 되었고, 대량의 데이터를 이해하는 데에는 그래프가 표보다 훨씬 더 효과적이라고 굳게 확신했다. 1786년에 플레이페어는 저서 『경제와 정치의 지도Commercial and Political Atlas』를 출간했으며, 이 책에서 선 그래프 44개와 막대그래프 1개를 사용했다. 이 책은 종류를 막론하고 최초로 시각적으로 통계를 나타낸 주요 저술물이었다. 플레이페어는 1786년부터 1807년까지 통계그래프를 발전시켰다. 거의 2세기가 지난 오늘날에도 플레이페어의 디자인에 변화가 거의 없을 만큼 그 품질과 독창성이 뛰어났다.

『경제와 정치의 지도』의 첫 번째 그래프는 18세기 영국의 수출입 총계를 보여준다. 100년을 나타내는 수평축은 수십 년 단위로 세분되며, 1760년 이후부터는 수년 단위로 세분된다. 수직축은 금액을 나타내며 1천만 파운드 단위로 증가한다. 빨간 선은 수출의 금전적 가치를 나타내고, 노란 선은 수입의 금전적 가치를 나타낸다. 두 선 가운데 영역이 녹색으로 표시된 것은 영국이 흑자를 기록했을 때를 나타내며, 빨간 색으로 표시된 것은 적자를 기록했을 때를 나타낸다(1781년 짧은 기간 영국은 적자를 기록했다). 두 번째 그래프에서도 영국이 특정 국가 및 지역을 대상으로 한 무역 수지를 보여주기 위해 같은 기법이 사용되었다. 그 밖에도 1688년부터 1784년까지 국가 부채의 변화, 1722년부터 1800년까지 서비스에 지불된 요금, 해군과 육군에 그대로 지출, 마지막으로 지난 10년간 밀가루 가격 등을 나타내는 여러 가지 그래프가 제시되었다.

플레이페어는 『경제와 정치의 지도』에서 1780~1781년 스코틀랜드의 수입과 수출을 보여주기 위해 막대그래프를 사용했다. 이 그래프에서는 시간을 나타내는 요소가 포함되지 않았는데, 이는 그래프에 포함할 만큼 데이터가 충분하지 않았기 때문이다. 플레이페어는 이 그래프가 '[시간을 나타내는 요소]가 포함된 다른 그래프보다 훨씬 못하다'고 말했다. 그는 책의 재판부터는 이 그래프를 삭제했다.

플레이페어는 그의 통계 그래픽과 지도 제작법을 비교하면서, 저서 『경제와 정치의 지도Commercial and Political Atlas』라는 제목에 '아틀라스atlas*'라는 단어가 들어가는 이유를 밝혔다. 그는 '상거래 거래 금액과 손익의 규모는 공간의 일부나 국가의 한 부분으로 그림으로 쉽게 나타낼 수 있다. 하지만 지금까지 이러한 시도는 이루어지지 않았다. 그 원칙에 따라 이러한 차트Charts**가 만들어졌다.'라고 설명했다. 플레이페어는 '직선 산술lineal arithmetic'이라는 기법을 사용하여 매일 벌어들인 동전을 쌓는 상인의 사례를 들어 설명했는데, 동전 더미를 일렬로 나열해 매일의 수익 변화를 시각적으로 기록해 보여주었다. "직선 산술은 이 더미와 다르지 않다… 종이 위에 나타나고, 규모가 더 작을 뿐이다. 1인치(가정)가 (동전) 500만 개의 두께에 해당된다. 지리책에서 1인치가 강 너비를 나타내는 것과 마찬가지다…"

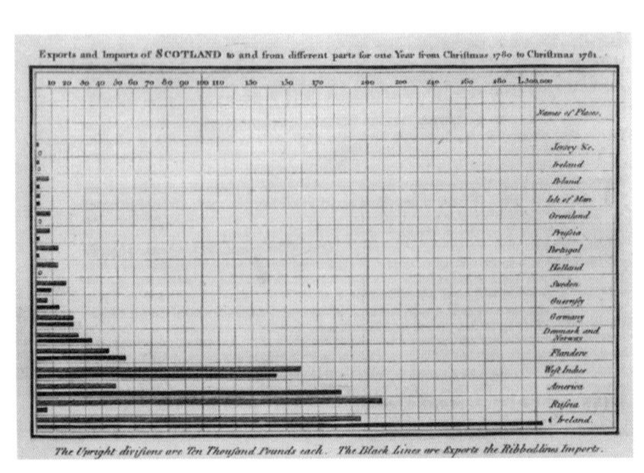

플레이페어의 스코틀랜드 수출입 그래프. 이 그래프는 시간 요소가 포함되어 있지 않으며, 나중에는 삭제되었다.

플레이페어는 척도상에서 어떤 숫자도 한 점으로 나타낼 수 있다는

* '지도책'이라는 뜻이다.

** '지도를 만들다'라는 뜻이다.

것을 깨달았다. 하지만 이것을 처음으로 이해한 사람은 플레이페어가 아니다. 1669년, 크리스티안 하위헌스Christiaan Huygens는 그의 형에게 보낸 편지에 존 그랜트의 사망률 데이터를 이용해 기초적인 데이터 그래프를 작성했다. 성직자이자 과학자이며, 산소의 발견자인 조지프 프리스틀리Joseph Priestley는 저서 『전기Chart of Biography』(1765)와 『새로운 역사 차트New Chart of History』(1769)에서 그래프를 사용했다. 프리스틀리도 플레이페어와 마찬가지로 지리적인 비유를 사용했는데, 그는 '강처럼' 처음부터 끝까지 흐르는 시간에 대해서 썼다. 그는 역사 그래프를 만들어 수평축은 시간을, 수직축은 장소를 나타내도록 했다. 플레이페어는 자신에게 영감을 준 형 존에게 공을 돌렸다. 존은 플레이페어가 매일 온도 변화를 기록하고, 그것을 눈금자 위에 표시하도록 했다. 플레이페어는 '형은 숫자로 표현될 수 있다면 그게 무엇이든지 선으로 표시할 수 있다는 것을 가르쳐주었다'라고 적었다.

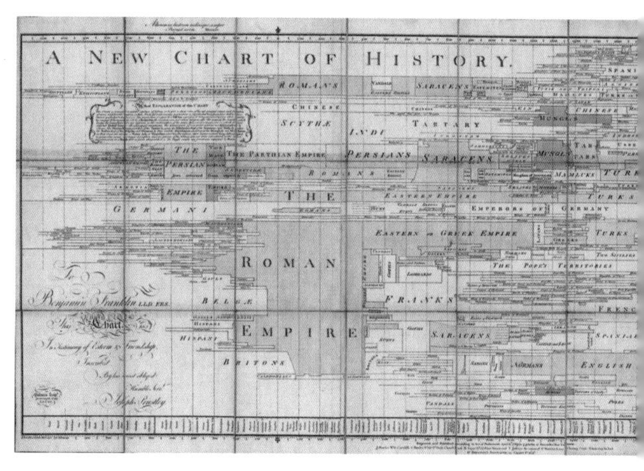

조지프 프리스틀리의 『새로운 역사 차트』(1769)

플레이페어의 그래프는 계몽주의의 영향을 받은 과학자와 공학자들의 연구로 폭발적으로 늘어난 데이터를 더 쉽게 관리할 수 있게 해 주었다. 플레이페어는 숫자 데이터를 기하 도형의 형태로 시각화하면, 시간이 지남에 따라 발생하는 중요한 변화를 더 쉽게 이해하고 기억하며 선별할 수 있게 된다고 확신했다. 그는 데이터는 '눈으로 말해야 한다'라고 적었다.

또한 플레이페어는 데이터 시각화를 통해 시간을 절약할 수 있다는 점을 강조했다. 플레이페어는 그가 만든 그래프를 5분간 훑어보는 것으로도 수치가 적힌 표들을 며칠에 걸쳐 세세히 읽어보는 것만큼 많은 정보를 얻을 수 있다고 생각했다. '인류의 지식이 증가하면서 거래가 크게 늘어나고 있다', '정보를 더 간략하고 효율적인 방식으로 전달할 필요성이 증대되고 있다'라고 플레이페어는 적었다.

1805년에 플레이페어는 『강력하고 부유한 국가가 쇠퇴하고 몰락하는 불변의 원인에 관한 고찰An Inquiry into the Permanent Causes of the Decline and Fall of Powerful and Wealthy Nations』을 출간했다. 제목에서 알 수 있듯이, 이 책은 아담 스미스Adam Smith의 『국부론Wealth of Nations』(1776)과 에드워드 기번Edward Gibbon의 『로마제국쇠망사Edward Gibbon's Decline and Fall of the Roman Empire』(1776~1788)의 견해를 가져왔다. 플레이페어는 국가의 쇠퇴 양상은 측정되고 도표로 나타낼 수 있으므로 쇠퇴를 피할 수 있다고 주장했다. 그는 국가 부채와 무역 수지에 중점을 두었으며, 정부가 쇠퇴를 미연에 방지하고 부와 힘을 연장할 수 있다고 확신했다. 1948년에 경제학자 헨릭 그로스만Henryk Grossman은 플레이페어가 자본 개발에 대한 최초의 이론가라고 묘사했다.

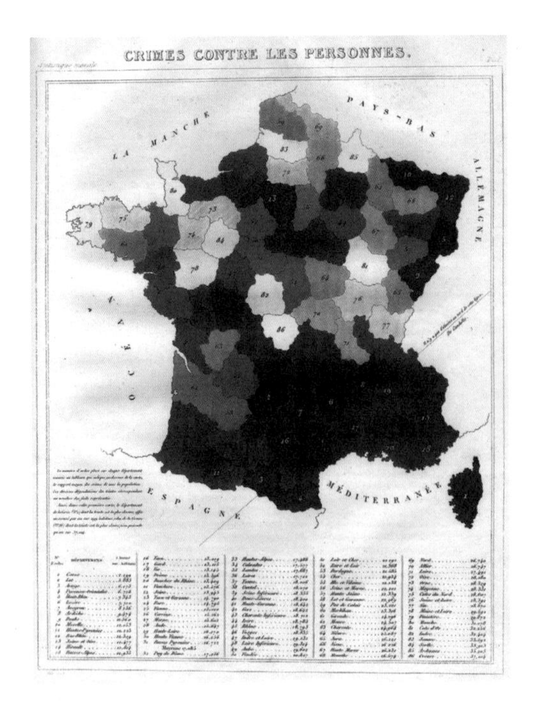

앙드레 미셸 게리의 대인(對人) 범죄율 그래프

플레이페어의 업적에서 중요한 점은 x축과 y축으로 이루어진 데카르트의 좌표를 채택했다는 점이다. 그는 수학 함수를 그리기 위해서가 아니라 데이터를 나타내기 위해서 좌표를 사용했다. 이러한 발상은 큰 호응을 얻었고, 얼마 지나지 않아 시각 데이터는 도시 범죄의 확산이나 질병의 확산과 같은 데이터를 나타내기 위해 사용되었다. 1830년대 프랑스에서는 변호사인 앙드레 미셸 게리André-Michel Guerry가 '도덕 통계moral statistics' 지도를 만들었다. 게리는 음영을 가장 처음으로 사용한 편에 속하는데, 예를 들어 범죄율이 높거나 문맹률이 높은 지역을 강조하기 위해 어두운 색으로 음영을 표시했다. 그의 지도를 통해 당시 통설과는 달리 교육 수준이 낮다고 해서 반드시 범죄율이 높은 것은 아니라는 사실이 밝혀졌다.

19세기 중반에 이르러서는 과학자들이 전염병 퇴치를 위해 시각 데이터를 사용하기도 했다. 런던에서 콜레라가 창궐했던 1854년, 의사인 존 스노우John Snow는 콜레라 발병이 보고된 곳을 지도에서 확인했다. 그는 브로드 스트리트Broad Street의 식수원 펌프를 중심으로 콜레라 발병 사례가 밀집되었다는 것을 발견했다. 식수원 펌프를 폐쇄하자 콜레라의 발병이 관리될 수 있었다.

영국의 간호사인 플로렌스 나이팅게일Florence Nightingale(1820~1910) 역시 통계를 시각적으로 나타내는 데 열성적이었다. 어린 시절 수학을 열심히 하는 학생이었던 나이팅게일은 크림 전쟁 중 자신의 능력을 발휘할 기회를 얻게 되었다.

군 병원과 병영의 비위생적인 환경에 경악한 그녀는 자신이 이 문제를 조사하겠다고 빅토리아 여왕을 설득했다. 나이팅게일은 그녀의 친구이자 영국의 저명한 통계학자인 윌리엄 파르William Farr와 함께 군인 사망률 분석에 착수했다. 그들은 놀라운 사실을 발견했다. 군인들의 주요 사망 원인은 전투 때문이 아닌, 특히 위생 상태가 좋다면 예방할 수 있는 종류의 질병이었다.

나이팅게일은 '대중의 귀를 통해 전달하려면 말로 증명해야 하는데, 그렇게 전달하지 못하는 것을 눈을 통해 효과적으로 전달하기 위해'

수집한 데이터가 시각적으로 보여질 때 가장 효과적이라는 것을 깨달았다. 그녀는 원그래프를 근사하게 변형한 폴라 그래프polar area chart를 만들었다. 원은 12개의 조각으로 나뉘는데, 각 조각은 일 년 중의 한 달을 나타낸다. 조각의 크기는 사망자 수에 따라 달라지며, 사망 원인을 나타내기 위해 다른 색으로 칠했다.

의회는 실제 상황을 한눈에 파악할 수 있었고, 신속하게 군대의 상황을 개선하기 위한 위생 담당 위원회를 설립했다. 그 결과 사망률이 하락했다. 플로렌스 나이팅게일은 처음으로 공공정책에 영향을 미치기 위해 시각 데이터를 사용한 사람들 중 한 명이다. 물론 그녀가 마지막은 아닐 것이다.

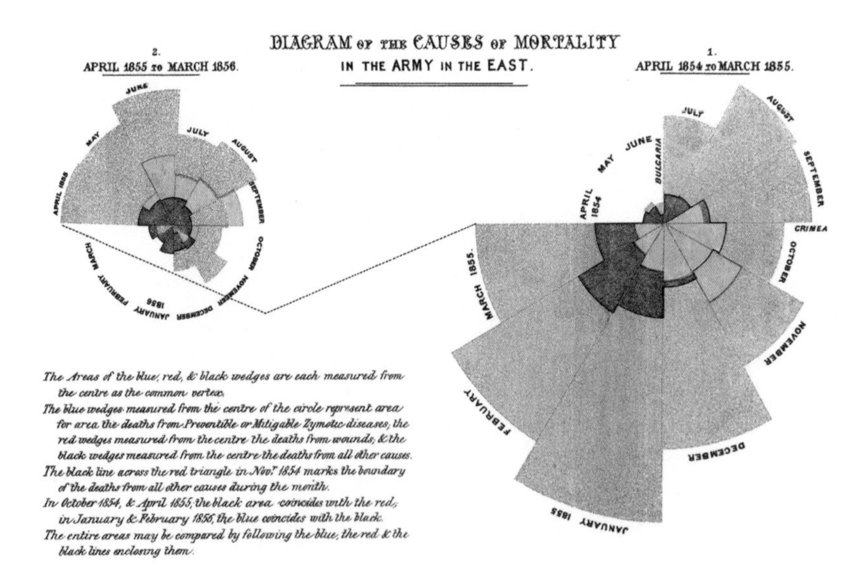

플로렌스 나이팅게일의 다이어그램. 크림 전쟁 중 수집한 데이터를 바탕으로 군인의 사망 원인을 보여준다.

"문제가 있는 곳에 기하학이 있다."

"Where there is matter, there is geometry."

⋮

요하네스 케플러Johannes Kepler

Chapter

14

정수론

수학에는 모든 분야에서 발견되는 규칙이 있다. 정수론은 이러한 규칙을 찾아 이해하는 것과 관련된다. 정수론은 가장 오래되고 광범위한 순수 수학 분야이다. 정수론은 정수와 그 성질에 관한 모든 것을 다루며, 수 사이의 관계와 수가 만들어내는 규칙과 수열 그리고 우리가 수를 통해 행할 수 있는 다양한 연산을 다룬다. 정수론에서 제기되는 문제는 대체로 답하기 쉽지만, 때때로 답하기 놀랄 만큼 어려운 문제도 있다.

20세기 중반까지 정수론은 수학에서 가장 순수한 분야로 간주되었으며 실제 현실세계에는 적용할 수 없는 것으로 여겨졌다. 하지만 디지털 컴퓨터와 통신이 등장하면서 정부와 기업에서 사용하는 강력한 암호화 체계를 설계하는 데 정수론이 핵심적인 요소가 되었으며, 실제로 현실적인 문제를 해결하는 데 중요한 역할을 한다는 사실이 분명해졌다.

정수론 연대표

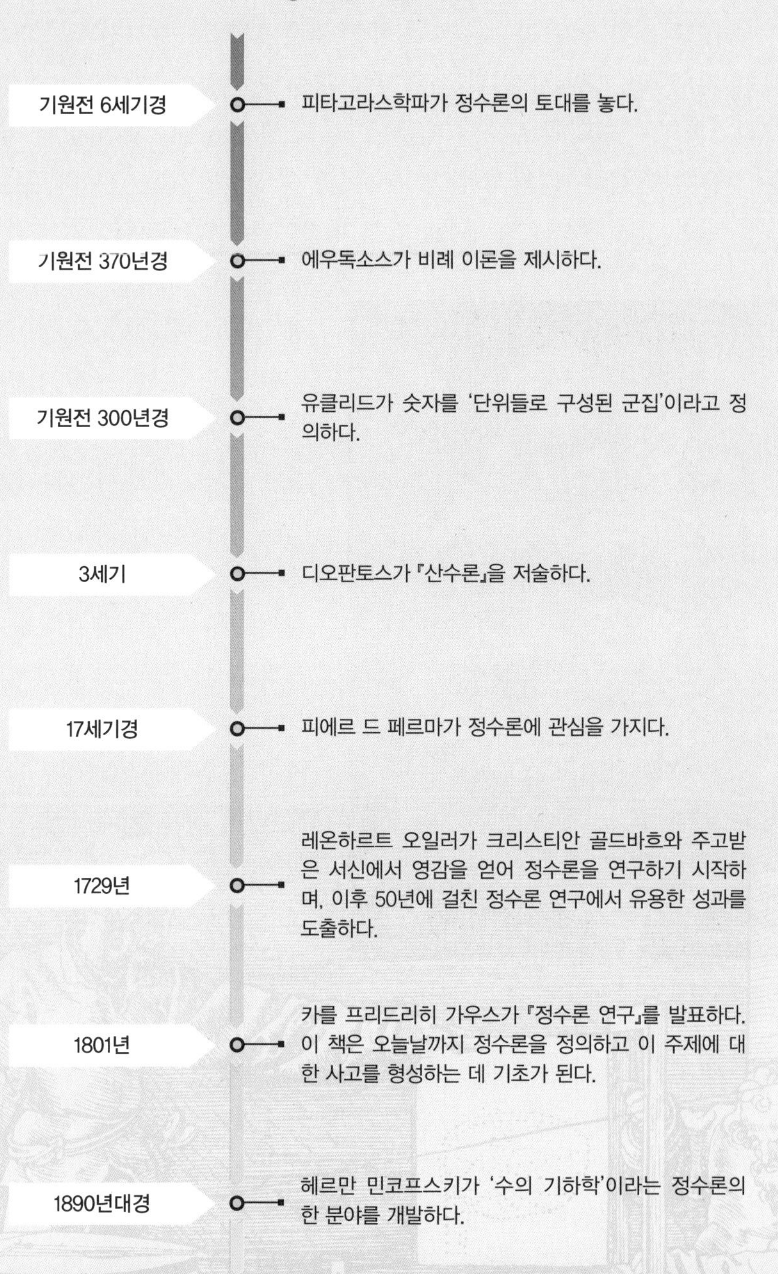

기원전 6세기경	피타고라스학파가 정수론의 토대를 놓다.
기원전 370년경	에우독소스가 비례 이론을 제시하다.
기원전 300년경	유클리드가 숫자를 '단위들로 구성된 군집'이라고 정의하다.
3세기	디오판토스가 『산수론』을 저술하다.
17세기경	피에르 드 페르마가 정수론에 관심을 가지다.
1729년	레온하르트 오일러가 크리스티안 골드바흐와 주고받은 서신에서 영감을 얻어 정수론을 연구하기 시작하며, 이후 50년에 걸친 정수론 연구에서 유용한 성과를 도출하다.
1801년	카를 프리드리히 가우스가 『정수론 연구』를 발표하다. 이 책은 오늘날까지 정수론을 정의하고 이 주제에 대한 사고를 형성하는 데 기초가 된다.
1890년대경	헤르만 민코프스키가 '수의 기하학'이라는 정수론의 한 분야를 개발하다.

수학적 구성 요소

피타고라스학파는 정수론의 초석을 놓은 것으로 여겨진다. 그들은 특히 기하학적 도형과 연관된 수열에 관심을 두었다. 예를 들어 피타고라스학파는 임의의 수 n의 제곱이 1부터 홀수 n개를 합한 값과 같다는 것을 발견했다. 따라서 만약 $n=6$이고 $6^2=36$일 경우, 1부터 홀수 6개를 합한 값(1+3+5+7+9+11) 역시 똑같이 36이다. 피타고라스의 정수론에서 핵심은 이 이론이 정수와 관련된다는 점이다. 피타고라스학파에게 유리수는 우주의 구성 요소와 같은 것이었다. 앞에서 살펴봤듯이(48쪽), 이러한 믿음 때문에 피타고라스학파는 한 구성원이 무리수를 발견했을 때 그것을 받아들이지 못했다.

샤르트르 대성당의 피타고라스

미적분학의 선구자 중 한 명인 에우독소스(150쪽 참조)는 비례 이론을 제시했다. 그의 이론은 무리수를 설명하여 피타고라스학파의 정체를 극복했다. 영국의 과학 전기 작가인 G. L. 헉슬리는 다음과 같이 말했다. '정수론은 다시 한 번 더 진보하게 되었으며 ... 후대의 모든 수학자들에게 헤아릴 수 없는 혜택을 주었다.'

유클리드는 『원론The Elements』 제7권에서 수를 '단위들로 구성된 군집'이라고 정의했다(유클리드는 2가 가장 작은 수라고 생각했다). 또한 『원론』은 정수론, 특히 소수의 연구에서 중요한 발상 몇 가지를 제시했다. 소수는 1과 자기 자신만으로 나누어떨어지는 수를 말하며, 수학적 사고에서 중요한 역할을 한다. 유클리드는 소수에 대해 중요한 의견 두 가지를 제시했다. 첫째, 유클리드는 소수의 개수가 무수히 많다는 것을 증명했다. 둘째, 그는 소수가 아닌 모든 수를 소수들의 곱으로 분해할 수 있다는 것을 증명했다. 예를 들어 42=2×3×7이고, 이때 2, 3, 7은 모두 소수이다. 유클리드의 발상은 산술의 근본 정리로 알려지게 되었다. 1보다 큰 모든 정수는 소수이거나 소수들의 곱으로 유일하게 표현될 수 있다. 화학에서 원자가 그러하듯이, 소수는 다른 모든 정수를 구성하는 기본 요소이다.

옥스퍼드 대학 자연사박물관의 유클리드 동상

3세기에 알렉산드리아의 디오판토스는 정수론을 한 단계 더 발전시켰다. 디오판토스에 대해서 알려진 것은 거의 없지만, 3세기에 그가 저술한 일련의 책 『산수론Arithmetica』은 정수론의 발전에 커

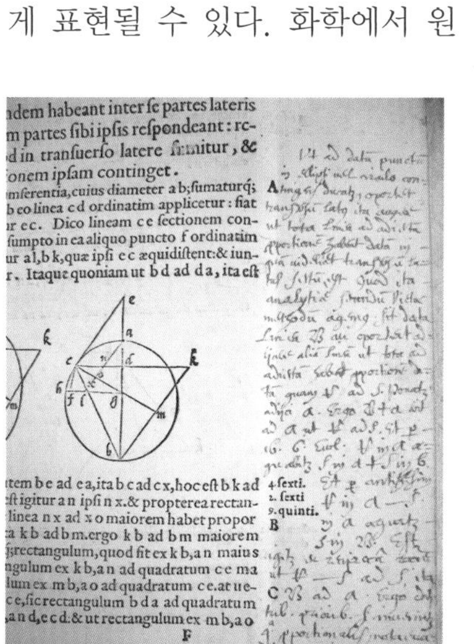
ndem habeant inter ſe partes lateris
m partes ſibi ipſis reſpondeant: re-
d in tranſuerſo latere finitur, &
onem ipſam continget.
mferentia, cuius diameter a b; ſumaturq;
b eo linea c d ordinatim applicetur: fiat
r e c. Dico lineam c e ſectionem con-
ſumpto in ea aliquo puncto f ordinatim
ur a l, b k, quæ ipſi e c æquidiſtent: & iun-
r. Itaque quoniam ut b d ad d a, ita eſt

tem b e ad e a, ita b c ad c x, hoc eſt b k ad
ſt igitur a n ipſi n x. & propterea rectan-
linea n x ad x o maiorem habet propor
a k b ad b m. ergo k b ad b m maiorem
; rectangulum, quod fit ex k b, a n maius
ngulum ex k b, a n ad quadratum c e ma
lum ex m b, a o ad quadratum c e. at ue-
c e, ſic rectangulum b d a ad quadratum
, a n d, e c d: & ut rectangulum ex m b, a o
F

4 ſexti.
2. ſexti
9. quinti.

페르마의 수학책 여백에 작성된 메모

다란 영향을 미쳤다. 디오판토스가 제시한 문제들은 이후 피에르 드 페르마와 같은 수학자들이 새로운 발상을 할 수 있게 해 주는 풍부한 원천이 되었다. 페르마의 발견 중 상당수는 페르마가 자신의 『산수론』 여백에 휘갈겨 쓴 메모를 통해서 알려졌다.

『산수론』에는 디오판토스 방정식으로 알려진 방정식 문제 130개가 포함되어 있다. 디오판토스 방정식에서는 양의 정수만 변수로 허용된다.

로마 제국이 멸망한 후 수천 년 동안 유럽의 수학적 사고는 사실상 정체되었다. 하지만 세계의 다른 지역에서는 달랐다. 중국, 인도, 중동 지역에서는 수에 대한 발상이 계속 발전했다. 예를 들어 800년경 인도에서는 사용하기 쉬운 십진법(0도 포함)이 발전한 이후 전 세계 수학자들이 이 십진법을 채택하게 되었다.

이슬람 세계에서도 수학이 번영했다. 이슬람 학자들은 세계 무역로가 교차하는 이상적인 위치에서 다른 문명이 이룬 업적에 대해 연구하고 배울 수 있었으며, 다른 문명의 성과를 이슬람 세계의 발견과 결합할 수 있었다.

15세기에는 인도와 아랍 세계에서 이룬 수학적 발견을 바탕으로 지식을 추구하려는 움직임이 부흥했다. 하지만 르네상스 시대의 유럽에서는 대수학과 기하학이 더 중점이 되었다. 정수론은 실용적인 혜택이 없다고 생각되어 정수론을 연구하는 사람은 소수에 그쳤고, 수학적인 딜레탕트dilettante*에게 더 적합했다.

페르마

피에르 드 페르마Pierre de Fermat(1601~1665)는 정수론에 대한 관심을 되살리는 데 다른 누구보다 큰 공헌을 한 사람일 것이다. 페르마는 수에 매료되었고, 비록 출판하지는 않았지만 그가 제시한 문제는 그

* 예술이나 학문 따위를 직업으로 하는 것이 아니고 취미 삼아 하는 사람을 이르는 말

이후 정수론이 발전해 나갈 방향을 설정해주었다.

예를 들어 페르마의 작은 정리Fermat's little theorem에 따르면, 소수는 다음과 같은 조건을 만족시켜야 한다. 즉, p가 소수이고 a가 임의의 정수일 경우, $a^p - a$는 항상 p로 나누어진다.

이 간단한 공식은 은행을 비롯한 다양한 비즈니스에서 사용하는 RSA 암호화 시스템의 바탕이 된다(183쪽 참조).

페르마는『산수론』을 공부하면서 책 여백에 수학 역사상 가장 잘 알려진 문장 중 하나를 적었다. 물론 이 문장이 악명으로 유명해졌다고는 할 수 없다. "임의의 세제곱수는 다른 두 세제곱수로 나눌 수 없고, 임의의 네제곱수도 다른 두 네제곱수로 나눌 수 없으며, 일반적으로 모든 지수를 가진 수는 동일한 지수를 가진 다른 두 수로 나눌 수 없다. 나는 이 정리를 증명할 감탄할 만한 방법을 확실히 찾았지만, 여기에 적기에는 책의 여백이 충분하지 않다."

이것은 페르마의 마지막 정리Fermat's Last Theorem로 알려지게 되었으며, 300년 넘게 수학자들이 이 정리에 대한 해법을 찾으려고 애썼다. 마침내 1995년에 페르마의 마지막 정리가 증명되었다. 영국의 수학자 앤드류 와일스Andrew Wiles는 이 정리를 증명하기 위한 돌파구를 마련하기 위하여 페르마가 전혀 알지 못했을 수학 분야를 활용했다. 그렇기 때문에 어떤 사람들은 페르마의 증명이 아직 발견되지 않았다고 주장했고, 또 다른 사람들은 페르마가 사실 애초에 증명하지 못했을 것이라고 주장했다.

오일러

18세기 유럽의 수학은 그리스, 인도, 중동에서 이룬 모든 업적을 앞지르는 것이었다. 유럽에서 수학이 발전하는 데에는 정수론에서 이루어진 발전이 어느 정도 기여했다. 스위스의 수학자 레온하르트 오일러Leonhard Euler(1707~1783)는 정체되었던 정수론을 수학의 주류로 만드는 데 많은 공헌을 했다. 오일러는 사실상 모든 분야의 연구에 기여한, 수학계의 걸출한 인물이었다. 네덜란드의 수학사학자 더크 스트루이크Dirk Struik는 오일러를 '역사상 최고는 아니더라도, 18세기의 가장 생산적인 수학자'라고 묘사했다.

레온하르트 오일러

오일러는 당시 다른 대부분의 수학자와 마찬가지로 처음에는 정수론에 관심이 없었다. 오일러가 정수론에 관심을 갖게 만든 것은 정수론의 열렬한 지지자인 크리스티안 골드바흐와 주고받은 서신이었다. 1729년 12월 초, 골드바흐는 오일러에게 페르마가 제시한 규칙 '모든 $2^{2^n}+1$ 형태의 수는 소수'에 대해 알고 있는지 물었다. 오일러는 답장에서 페르마의 소수 $2^{2^5}+1$이 641과 6,700,417의 곱으로 인수분해되기 때문에 그의 규칙이 잘못되었음을 증명했다.

그 후 50년 동안 오일러는 정수론에 대해 방대한 연구를 했고, 연구의 많은 부분에서 페르마의 문제를 다루었다. 오일러는 1736년에 페르마의 작은 정리를 증명했으며, 그 세기의 중반에는 '어떤 형태의 소수는 두 제곱수의 합으로 유일하게 표현된다'는 페르마의 정리를 증명했다.

친화수

오일러는 페르마를 매료시켰던 또 다른 주제인 친화수에 대해서도 연구했다. 친화수는 서로 다른 두 수가 있을 때, 어느 한 수의 진약수를 더하면 다른 수가 되는 두 수의 쌍을 말한다. 가장 작은 친화수 쌍은 220과 284이다. 220의 진약수는 1, 2, 4, 5, 10, 11, 20, 22, 44,

55, 110이고, 이 수를 모두 더하면 284가 나온다. 또한 284의 진약수는 1, 2, 4, 71, 142이고, 이 수를 모두 더하면 220이 된다. 오일러의 시대에는 세 쌍의 친화수만 알려져 있었는데, 그중 세 번째 쌍은 페르마가 발견한 것이다. 오일러는 무려 58쌍의 새로운 친화수를 발견했다!

두 번째로 작은 친화수 쌍은 1184와 1210이다. 이것은 페르마와 오일러를 비롯한 여타 수학자들이 간과한 것으로, 이것은 당시 16세였던 이탈리아의 니콜로 파가니니Nicolò Paganini가 1866년에 발견했다.

오일러도 풀지 못했던 문제가 있었다. 그는 페르마의 마지막 정리를 증명하려고 노력했고, 그 해법을 찾지는 못했지만 어느 정도 진척은 이루었다. 오일러는 페르마의 마지막 정리에서 지수가 3과 4인 경우에 대해서는 거의 증명했지만, 일반적인 해법을 발견하지는 못했다. 오일러는 '2보다 큰 모든 짝수는 두 소수의 합으로 나타낼 수 있다'는 골드바흐의 추측에 매료되었고 이것이 옳다고 확신했다. 하지만 오일러는 골드바흐의 추측을 증명할 수 없었는데, 이에 대해서는 뒤에서 다루도록 하겠다.

오일러의 헌신으로 정수론은 과거에는 부족했던 정통성을 부여받게 되고, 다른 수학자들도 정수론을 연구하기 위해 모이게 된다. 그로 인해 정수론은 빠르게 진보했고 새로운 발상들이 발전하게 되었다. 한 예로 1770년에 저명한 천문학자인 조제프 루이 라그랑주Joseph-Louis Lagrange(1736~1813)는 '모든 정수는 네 개 이하의 제곱수의 합으로 표현될 수 있다'는 페르마의 주장을 증명했다.

마방진

오일러는 노년기에 마방진(magic square)에 많은 관심을 가졌다. 마방진이란 가장 간단한 형태인 정사각형에 1부터 9까지의 숫자가 가로, 세로, 대각선에 있는 수들의 합이 모두 같도록 배열된 것을 말한다. 1514년 알브레히트 뒤러(Albrecht Durer)는 가로 4줄, 세로 4줄이면서, 여러 방식으로 수를 더했을 때 그 합이 놀랍게도 모두 똑같이 34가 되는 마방진을 만들었다. 오일러는 마방진을 개조해 같은 숫자나 기호가 가로줄과 세로줄에서 겹치지 않도록 배열했다. 오일러는 이것을 라틴방진(Latin square)이라고 불렀다. 마방진과는 달리 오일러의 라틴방진은 실용적으로 사용될 수 있다. 예를 들면 라틴방진은 리그전에서 순서를 정하는 데 사용할 수 있다.

알브레히트 뒤러의 마방진

가우스

'수학의 왕자'로도 알려진 카를 프리드리히 가우스Carl Friedrich Gauss(1777~1855)는 역사상 가장 영향력 있는 수학자 중 한 명으로 여겨진다. 가우스는 어렸을 때 신동으로 불렸으며 그의 놀라운 재능을 보여주는 많은 일화가 전해지고 있다. 가우스는 겨우 세 살이었을 때 아버지의 급여 명세에 오류가 있다는 것을 발견했으며, 다섯 살부터 아버지의 계좌를 정기적으로 관리했다고 한다. 일곱 살이었을 때는 몇 초 만에 1부터 100까지 숫자를 합산해 선생님을 놀라게 했다고 전해지고 있다. 그는 1과 100, 2와 99, 3과 98 등 두 수를 더하면 101이 나오는 수의 쌍 50개를 만들어 총합 5050을 계산할 수 있다는 것을 알았다.

소행성 사냥꾼

1801년 이탈리아의 천문학자인 주세페 피아치(Giuseppe Piazzi)는 지금은 왜행성(dwarf planet)이라고 부르는 소행성 세레스(Ceres)를 발견해 천문학계에 놀라움을 안겨 주었다. 안타깝게도 이 소행성은 충분한 관찰이 이루어지기 전에 태양 뒤로 사라져 버려, 어디서 다시 나타날지 그 궤도를 충분히 정확하게 계산할 수 없게 되었다. 많은 천문학자들은 소행성을 찾을 수 있는 방법을 찾으려고 노력했고, 그 해법을 찾는 데 성공한 것은 가우스였다. 가우스는 관측값에서 오류를 허용하는 방법인 최소제곱법(method of least squares)을 사용해 성공할 수 있었다.

나사의 소행성 탐사선 돈(Dawn)이 촬영한 세레스 소행성

가우스는 수학의 거의 모든 분야에서 중대한 공헌을 했지만, 그가 가장 좋아하는 분야는 언제나 정수론이었다. 그는 "수학은 과학의 여왕이며 정수론은 수학의 여왕"이라고 선언했다. 가우스는 21세의 나이였던 1798년에 저술한 『정수론 연구Disquisitiones Arithmeticae』를 1801년에 발표했다. 이 책은 오늘날까지 정수론을 정의하고 이 주제에 대한 사고를 형성하는 데 기초가 되고 있다. 『정수론 연구』는 체계적인 방식으로 대수적 정수론에 접근한 최초의 책이다. 가우스는 이 책에서 유클리드가 처음 제시한 산술의 기본 정리fundamental theorem of arithmetic를 증명했다.

마치 오일러가 그의 시대에 그랬던 것처럼, 19세기에 가우스 역시 당대 수학자들에게 영감을 주었다. 하지만 안타깝게도, 가우스는 노년으로 접어들면서 점점 오만해졌고, 수학적 조언을 얻기 위해 그를 찾는 사람들을 멸시했다. 심지어는 가우스가 다른 수학자의 발상을 자신의 것이라고 부당하게 주장했다는 일화도 전해진다.

수와 시공간

19세기 후반에 헤르만 민코프스키Hermann Minkowski(1864~1909)는 수의 기하학the geometry of numbers이라는 정수론의 한 분야를 개발했다. 이것은 다차원적 공간 기하학을 이용해서 정수론 문제의 해법을 구하는 방법이며, 벡터공간vector space과 격자점lattice points과 같은 복잡한 개념을 다룬다. 민코프스키는 젊은 알베르트 아인슈타인을 가르쳤던 교수 중 한 명이기도 하다. 1907년에 민코프스키는 아인슈타인이 1905년에 발표한 특수 상대성 이론special theory of relativity이 시간과 공간의 4차원적 결합, 즉 민코프스키 시공간이라고 알려진 시각화를 통해서 가장 잘 이해될 수 있다는 사실을 깨달았다. 아인슈타인의 이론에 대한 질문에, 민코프스키는 젊은 아인슈타인이 "지독하게 게을렀다 … 수학에 대해서는 전혀 신경 쓰지 않았다.'라고 말하며, 그렇기 때문에 아인슈타인의 발견은 다소 놀라운 일이었다고 답했다.

헤르만 민코프스키

흥미로운 정수론

정수론은 자연수에 적용될 수 있는 모든 흥미로운 성질을 발견하는 것과 연관된다. 고급 산술(higher arithmetic)이라고 일컬어지기도 하며, 단순히 일상적으로 합산을 위한 목적으로 사용되는 기본 산술(elementary arithmetic)과는 전혀 다르다. 그렇다면 모든 수가 '흥미로운 속성'을 가지고 있을까?

잘 알려진 수학적 일화가 이 점을 잘 보여준다. 영국의 수학자인 고드프리 해럴드 하디(G. H. Hardy)가 인도의 수학자 스리니바사 라마누잔(Srinivasa Ramanujan, 1887~1920)을 병문안 갔을 때 있었던 일이다. 라마누잔은 수학 분야의 정규 교육을 받지는 않았지만 수의 관계에 대한 그의 통찰력은 잘 알려져 있었다. 하디는 병원에 도착하자 자신이 타고 온 택시 번호판의 번호가 1729였다고 말했다.

하디는 1729가 그다지 흥미롭지 않은 숫자라고 말했다. 그러자 즉시 라마누잔은 그렇지 않으며 1729는 매우 흥미롭다고 대답했다. 실제로 1729는 두 가지 방법으로 두 세제곱수의 합으로 나타낼 수 있는 최소의 정수이다.

즉, 1729는 12^3+1^3과 10^3+9^3으로 얻을 수 있다.

흥미로운 수는 어디에나 있다. 단지 어떻게 발견할지 알고만 있다면 말이다!

정수론과 암호론

수학자 고드프리 해럴드 하디G. H. Hardy(1877~1947)는 정수론을 '순수 수학Pure Mathematics에서 분명히 가장 쓸모없는 분야'라고 묘사한 적이 있다. 1947년, 하디가 사망한 지 30년이 지난 후, 정수론을 사용하여 메시지를 암호화할 수 있는 알고리즘이 개발되었다. RSARivest Shamir Adleman 알고리즘은 현재 사용할 수 있는 암호화 시스템 중에서 가장 대중적이고 안전한 공개 키 암호 방식이다. 100~200자리의 매우 큰 수를 효율적으로 소인수분해하는 방법이 없다는 것에 기반을 둔 RSA 알고리즘은 무작위로 생성된 큰 소수 두 개를 곱해 매우 큰 수 하나를 생성하는 방식이다. RSA 알고리즘은 오늘날 세계에서 가장 흔히 사용되는 컴퓨터 프로그램으로, 사람들은 이 알고리즘을 통해 안전하게 인터넷으로 결제하며 전자메일과 여타 개인 서비스에 로그인할 수 있다.

미해결 문제

현재 수학분야에서 중요한 미해결 문제 중 일부는 정수론 문제이다. 그중 하나는 1859년에 독일의 수학자인 베른하르트 리만Bernhard Riemann(1826~1866)이 제시한 리만 가설Riemann Hypothesis이다. 리만은 소수의 분포를 연구하면서 '정수 *N*이 주어졌을 때, *N*보다 작은 소수가 몇 개 있을까?'라는 질문을 제기한다. 리만의 가설은 소수의 분포를 다루는데, 이것은 오늘날의 리만 제타 함수Riemann zeta function와 관련이 있다. 리만 가설을 증명하는 사람은 뉴햄프셔에 위치한 클레이 수학연구소Clay Mathematics Institute에서 수여하는 상금 100만 달러를 받게 된다.

정수론 분야에서 가장 오래된 미해결 문제 중 하나는 골드바흐의 추측이다. 1742년, 프로이센의 수학자 크리스티안 골드바흐Christian Goldbach(1690~1764)는 레온하르트 오일러Leonhard Euler에게 보낸 서신에서 '2보다 큰 모든 정수는 세 개의 소수의 합으로 표현할 수 있다'라고 썼다. 골드바흐는 1을 소수로 간주했는데, 이 개념은 더는 통용되지 않는다. 따라서 오늘날의 개념으로 설명하면, 골드바흐의 추측은 '5보다 큰 모든 정수는 세 개의 소수의 합으로 표현할 수 있다'의 형태가 된다.

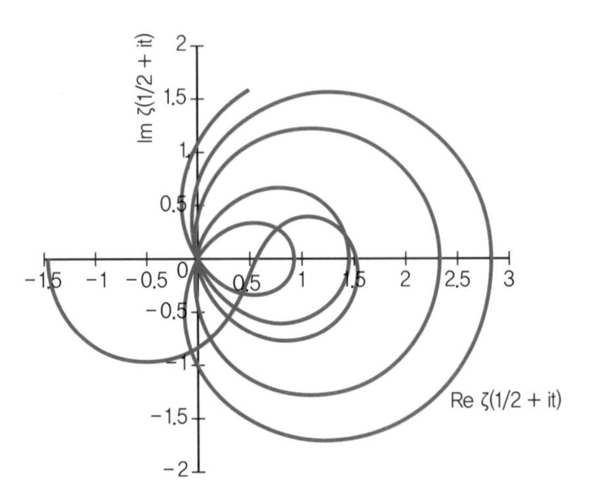

리만 제타 함수

오일러는 이 문제를 재해석하여 '2보다 큰 모든 짝수는 두 개의 소수의 합으로 표현할 수 있다'고 추측하였다. 오일러의 이러한 추측은 '강한

strong 골드바흐의 추측'이라고 알려지게 된다.

컴퓨터 검색을 통해 이 추측은 최대 4×10^{18}까지의 수에 적용된다는 것이 알려졌다. 4×10^{18}은 4 뒤에 0이 18개인 수를 가리킨다. 하지만 지금까지 시도한 모든 수가 이 추측에 적용된다는 사실이 무한의 숫자까지 계속해서 적용된다는 증거가 될 수는 없다. 문제가 해결된 것으로 간주되기 위해서는 수학자가 이 추측이 적용되지 않는 짝수가 없다는 것을 증명할 방법을 제시해야 한다. 현재로선 이것 역시 아직 해결되지 않은 또 다른 문제이다.

2013년, 파리에 위치한 에콜 노르말 쉬페리외르의 수학자 아랄드 엘프고뜨Harald Helfgott(1977~)가 '9 이상의 모든 홀수는 세 소수의 합으로 나타낼 수 있다.'라는 '약한weak 골드바흐의 추측'을 증명했다. 그는 2006년부터 이 문제를 연구했다.

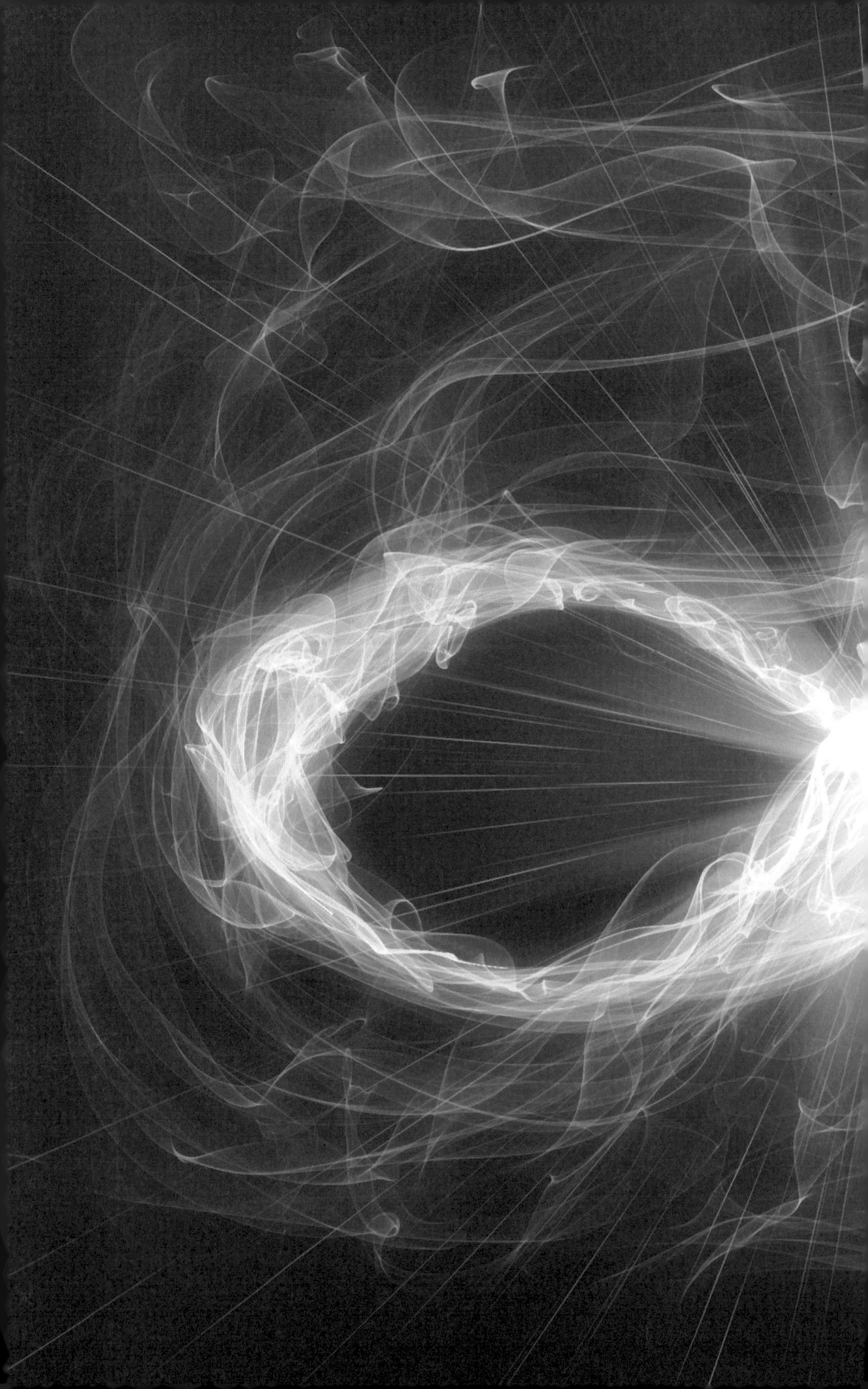

Chapter

15

무한의 문제

수학에서 무한의 개념은 논쟁을 불러일으킨다. 무한은 실제로 존재하는가, 아니면 단순히 개념에 불과한가? '실제' 세계에 진정으로 무한한 것이 존재할까? 고대부터 사람들은 세계가 원래 존재해왔던 것인지, 머리 위로 별이 가득한 하늘이 끝없이 이어지는지 궁금했을 것이다. 수학자들은 이러한 질문들에 대답할 수 있을까? 아마도 무한의 개념을 다루는 것은 수학에서 가장 어려운 문제일 것이다. 그리고 수학자들은 이 문제를 해결하기 위해 2,000년이 넘는 시간 동안 고심해왔다.

아리스토텔레스는 무한이 실제로 존재하지 않기 때문에 무한은 수학 세계에 설 자리가 없다고 생각했다. 19세기 후반, 독일의 수학자 게오르크 칸토어Georg Cantor는 집합을 다루는 수학 분야를 발명했다. 그는 공집합(수 0에 해당)에서부터 무한집합에 이르는 집합의 요소를 제시했다. 칸토어의 집합론은 적어도 이론적으로는 무한의 무한이 가능하다는 것을 보여주었다.

수학은 무한 속으로 사라질 수 있을까?

무한 연대표

기원전 5세기	제논의 역설에서 무한소가 사용되다.
기원전 4세기	아리스토텔레스가 무한이 잠재적으로 존재할 수 있지만 실제로는 존재하지 않는다고 주장하다.
기원전 1세기	루크레티우스가 무한한 우주의 경계에서 발생할 수 있는 일에 대해 고찰하다.
12세기	인도의 수학자 바스카라가 임의의 수를 0으로 나누면 그 값은 무한이 될 것이라고 주장하다.
1600년경	갈릴레오가 무한 문제를 해결하려고 노력하다.
1655년	존 월리스가 무한 기호 ∞를 제시하다.
1660년대, 1670년대	아이작 뉴턴과 고트프리트 라이프니츠가 무한소를 이용해 미적분학을 발견하다.
1851년	베르나르트 볼차노가 『무한의 역설』을 출판하다.
1874년	게오르크 칸토어가 무한의 무한 개념을 제시하다.
1924년	다비트 힐베르트가 객실의 수가 무한한 가상의 호텔을 예로 들어 무한의 원리를 설명하다.

고대 세계의 무한

고대 그리스의 수학자들은 그들의 사고에서 무한의 개념을 거부했다. 우리는 앞서 기원전 5세기의 철학자 제논Zeno에 대해서 살펴보았다. 제논의 역설은 시간과 거리를 점점 작아지는 무한의 단위로 나눈다(151쪽 참조). 또한 원자론자들은 세계가 나눌 수 없는 무한개의 입자들로 구성되어 있다고 믿었다.

우주는 무한한 시공간으로 뻗어나가며 영원히 계속되는가?

마이클 버거스의 〈루크레티우스〉

아리스토텔레스는 무한의 개념에 만족하지 않았고, 향후 2,000년간 지배적으로 남게 될 사고방식을 제시했다. 아리스토텔레스는 실무한actual infinite은 존재하지 않지만 가무한potential infinite은 존재할 가능성이 있다고 주장하며, 수학자들은 실무한이 없이도 꽤 잘 살 수 있다고 말했다. 아리스토텔레스는 저서 『자연학Physics』에 다음과 같이 썼다.

'우리의 설명은 무한의 실제 존재를 반증함으로써 수학자들에게서 과학을 빼앗는 것이 아니다 … 사실 수학자들은 무한이 필요하지 않으며 사용하지 않는다.'

심지어는 소수의 무한성을 밝힌 유클리드의 증명 역시 간단히 말해, '주어진 유한수보다 더 많은 소수'가 존재한다는 것을 보여준다. 이것은 그 나름대로 실무한이기보다는 가무한에 가깝다.

대부분의 수학자들은 아리스토텔레스의 가무한에 대한 주장을 받아들이긴 했지만, 그래도 실무한이 존재한다는 설득력 있는 주장을 제시한 수학자도 있었다. 기원전 1세기에 루크레티우스Lucretius는 '만물의 본성에 대하여De rerumnatura'라는 시에서 의문을 제기하며 다음과 같은 질문을 했다. 우주가 실제로 유한하다고 가정하자. 그렇다면 그것은 우주에 경계가 존재한다는 뜻이다. 그 경계에 다가가 경계 밖으로 돌을 던졌다고 가정해보자. 돌은 어디로 갈까? 우주 너머로 간 것일까? 현대 우주론에서는 우주가 유한하면서 동시에 경계가 없을 수 있다고 말한다. 하지만 루크레티우스가 제기한 흥미로운 질문은 이후 수 세기 동안 논쟁이 되어 왔다.

인도의 무한

인도 베다시대(기원전 1500~500년경)의 수학자들은 매우 큰 숫자를 가지고 씨름했다. 기원전 1000년 이전의 만트라Mantra에서는 100에서부터 1조에 이르기까지 10의 거듭제곱수를 제시했다. 반면 기원전 4세기 산스크리트어로 작성된 글에서는 10^{421}(1 뒤에 0이 421개인 숫자)에 해당하는 숫자까지 이어지는 진법이 나타난다. 이 숫자는 현재 우주 내에 존재한다고 측정되는 모든 원자의 개수인 10^{80}보다 자릿수가 수백 개가 더 많으며, 고대 수학자들이 생각했던 어떤 것보다도 무한에 가깝다.

앞서 살펴봤듯이(66~69쪽), 인도의 수학자들은 0을 자리를 표시하기 위해서가 아닌 숫자 자체로 사용하면서 수학에 0의 사용을 도입하는 공헌을 했다. 인도의 수학자들은 0을 사용하기 위해 0이 다른 숫자와 마찬가지로 산술 규칙에 적용되는지 확인해야 했다. 7세기의 수학자 브라마굽타Brahmagupta는 0의 사용을 위해 '1+0=1, 1−0=1, 그리고 1×0=0'이라는 기본적인 수학 규칙을 확립했다. 또한 브라마굽타는 1÷0=0이라고 생각했다. 그 후 약 500년이 지난 12세기에 인도의 또 다른 수학자 바스카라 2세Bhaskara II는 1이 0 크기의 무한한 조각으로 나누어지기 때문에 이 문제의 답은 무한이라는 것을 보여주었다. 하지만 논리적으로 0으로 나누어진 모든 수가 무한이 되면 모든 수가 같아지게 된다. 이 방정식을 역으로 하여 0을 무한으로 곱하면 모든 수와 같아지게 되기 때문이다. 이 문제에 대한 현대 수학적 관점에 따르면 0으로 나눈 숫자는 정의되지 않는다. 다시 말해 이 방정식은 성립되지 않는다.

1보다 작은 수 중에 가장 큰 수는?

1보다 작은 수 중에 가장 큰 수는 무엇일까? 0.999일까? 아니다. 0.999 뒤에 9를 하나씩 더 붙이면 점점 더 큰 수가 되기 때문이다. 사실 우리는 0.99999...처럼 9를 무한히 더 붙일 수 있다. 1과 0.999 뒤에 무한개의 9를 붙인 수 사이에 들어갈 수 있는 다른 숫자가 없으므로, 이는 결과적으로 1과 0.99999... 사이에 아무 것도 없다면, 수적인 측면에서 0.99999...는 사실상 1과 같다는 표면적인 역설이 성립된다! 여기서 유추할 수 있는 유일한 논리적 결론은 1보다 작은 수 중에 가장 큰 수는 존재하지 않는다는 것이다! 정말로 어떤 수보다 작은 수 중에 가장 큰 수는 없다.

중세의 수수께끼

예외는 있겠지만 중세 시대의 사상가들은 무한이라는 개념을 기꺼이 신의 영역으로 간주했다. 성 아우구스티누스는 신이 무한할 뿐만 아니라 신이 무한한 사고를 할 수 있으며 모든 수를 안다고 믿었다. 그가 말한 것처럼, 어떤 정신 나간 사람이 그렇지 않다고 하겠는가?

중세 사상가들이 알고 있던 무한과 관련된 흥미로운 역설적인 일화가 있다. 어느 직선을 무한한 점들로 나눌 수 있다면, 반지름이 2인 원의 둘레 위에 있는 무한한 점들은 반지름이 1인 원의 둘레 위에 있는 무한한 점보다 더 많을까? 반지름이 2인 원주의 길이는 반지름이 1인 원주의 길이보다 2배 더 길기 때문에 당연히 원주가 더 긴 원이 원주가 짧은 원보다 무한한 점의 개수가 더 많아야 한다. 하지만 분명히 원들은 서로 유사하기 때문에 작은 원 위에 있는 임의의 점 P를 큰 원 위에 있는 임의의 점 P와 일치시킬 수 있다. 그리고 같은 방식으로 큰 원 위에 있는 임의의 점 Q를 작은 원 위에 있는 임의의 점 Q와 일치시킬 수 있다. 하나의 무한은 다른 무한보다 더 크므로 표면상으로는 두 개의 무한을 얻을 수 있지만, 두 무한은 같다.

성 아우구스티누스

1600년대 초, 위대한 과학자 갈릴레오 갈릴레이Galileo Galilei(1564~1642)는 이 문제를 풀기 위해 노력했다. 갈릴레이는 작은 원의 둘레에 무한개의 아주 작은 간격을 무한히 추가하여 큰 원의 둘레로 만들 수 있으며, 따라서 큰 원과 작은 원의 둘레가 같아진다고 주장했다. 그는 이러한 접근법의 문제점을 잘 알고 있었다. "이러한 어려움은 현실이며 문제가 이것뿐만이 아니다. 하지만 우리는 이해력의 한계를 넘어서는 무한과 비분할성indivisibles을 다루고 있다는 점을 기억

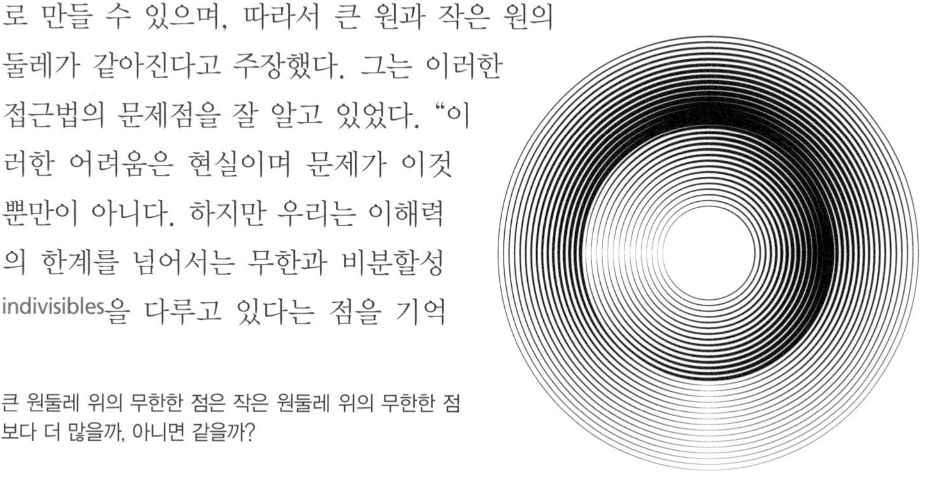

큰 원둘레 위의 무한한 점은 작은 원둘레 위의 무한한 점보다 더 많을까, 아니면 같을까?

피렌체에 있는 〈갈릴레오의 무덤〉

해야 한다. 전자는 그 크기가 크기 때문에, 후자는 작기 때문이다."

갈릴레오의 역설Galileo's Paradox로 알려지게 된 주장에서, 갈릴레오는 모든 자연수와 모든 자연수의 제곱수가 일대일로 무한히 대응될 수 있다는 점을 보여주었다. 제곱수가 아닌 자연수가 많다는 것은 명백하지만, 여기서 자연수만큼 많은 제곱수가 존재한다는 결론을 내릴 수 있다. 갈릴레오는 "우리가 유한하고 제한된 것에 부여하는 속성을 무한에 부여하면서 유한한 정신으로 무한을 논하려고 시도할 때에만 문제가 생긴다. 우리는 무한한 양을 서로 비교해 더 크다, 작다, 또는 같다라고 할 수 없기 때문에 이것은 잘못된 것이다."라고 주장하면서 자신의 어려움을 일부 해결했다. 갈릴레오는 '같다', '크다' 또는 '작다'라는 속성은 무한한 것에 적용될 수 없다는 결론을 내렸다.

무한 기호: ∞

오늘날 우리가 사용하는 무한 기호 ∞[렘니스케이트(lemniscate)라고 한다]를 가장 처음 사용한 사람은 영국의 수학자인 존 월리스(John Wallis, 1616~1703)이다. 월리스는 1655년에 발표한 '원뿔곡선에 대한 논문(De sectionibus conicis)'과 1656년에 발표한 『무한의 산술론(Arithmetica Infinitorum)』에서 무한 기호 ∞를 사용했다. 월리스는 곡선을 따라 끝없이 이동할 수 있다는 사실을 나타내기 위해 이와 같은 기호를 선택했다.

추상적 무한 기호

우리는 앞서 뉴턴과 라이프니츠가 무한히 작은 양에 대한 생각을 이용해 미적분을 어떻게 발전시켰는지 살펴보았으며(154쪽 참조), 뉴턴은 이것을 유율fluxion이라고 불렀다. 뉴턴과 라이프니츠는 분명히 결과를 도출했지만, 이러한 무한소의 특이함에 주의한 사람도 있었다. 아일랜드의 철학자 조지 버클리George Berkeley는 이런 질문을 했다.

"그러면 이 유율은 무엇일까? ... 유한한 양도 아니고, 무한히 작은 양도 아니고, 아무것도 아닌 것도 아니다. '사라진 값들의 유령the Ghosts of departed quantities'이라고 불러야 하는 게 아닐까?"

뉴턴은 공간이 매우 클 뿐만 아니라 사실상 무한하다고 생각했다. 그는 그러한 무한은 이해할 수 있는 것이지만 구상할 수는 없다고 주장했다. 반면 임마누엘 칸트Immanuel Kant는 바로 그 구상할 수가 없다는 점 때문에 실무한은 존재할 수 없다고 주장했다. 칸트는 『순수이성비판The Critique of Pure Reason』(1781)에서 다음과 같이 썼다.

"... 전체로서 모든 공간을 채우는 세계를 구상하기 위해서 무한한 세계의 부분을 연속적으로 종합하는 것은 완전한 것으로 보아야 할 것이다. 즉, 무한한 시간은 모든 공존하는 것들을 열거하는 동안 경과된 것처럼 보아야 한다."

힐베르트의 호텔

다비트 힐베르트

독일의 수학자 다비트 힐베르트(David Hilbert, 1862~1943)는 무한개의 객실이 있는 호텔을 상상해 무한을 설명했다. 이 호텔은 예약이 꽉 찼지만, 항상 새로운 투숙객에게 객실을 제공할 수 있다. 손님이 도착하면 호텔의 접수원은 모든 투숙객에게 현재 묵고 있는 객실의 호수보다 1이 큰 호수의 객실로 이동해 달라고 한다. 그리고 새로 도착한 손님은 1호실로 들어간다. 어느 날 무한의 새로운 여행객들이 한꺼번에 도착한다. 하지만 접수원은 동요하지 않는다. 투숙객들 모두 현재 묵고 있는 객실의 호수에 2를 곱한 수에 해당하는 호수로 움직이기만 하면 된다. 따라서 홀수 호의 빈 객실이 무한개 생기므로 새로 도착한 손님들이 호텔에 묵을 수 있게 된다.

집합론

무한에 대한 수학적 이해를 추구하는 데 있어서 상당한 발전 중 하나는 베르나르트 볼차노Bernard Bolzano(1781~1848)가 저술한 『무한의 역설Paradoxes of the Infinite』을 통해 이루어졌다. 이 책에서 볼차노는 무한이 존재한다고 주장했으며 그 주장을 전개하는 과정에서 집합의 개념을 제시했다. 볼차노는 집합의 개념을 '부분들의 순서가 무의미하고, 순서만 바뀌었을 때 본질적인 부분이 바뀌지 않는 모음을 집합이라고 부른다'라고 처음으로 정의했다. 게오르크 칸토어는 '많은 것이 하나로 간주되는 것을 집합이라고 말한다'라고 간단하게 정의했다.

집합의 정의가 무한의 존재 여부를 결정하는 문제를 어떻게 해결하게 된 걸까? 설명하자면 이렇다. 예를 들어 정수를 정의된 집합으로 생각해보면, 정수의 집합이라는 단일의 실체, 즉 정수의 집합이 있고, 이 집합은 사실상 무한일 수밖에 없다. 가무한이라는 개념을 제시한 아리스토텔레스는 자연수를 완전한 것으로 볼 수 없다는 관점에서 정수를 고려했다. 하지만 임의로 주어진 수의 유한 집합에서 항상 더 큰 수를 찾을 수 있다는 점을 감안하면 자연수는 무한하다고 볼 수 있다. 하지만 아리스토텔레스가 제시한 수 집합은 그 크기가 아무리 크다고 하더라도 실제로 무한한 정수 집합의 부분집합에 불과하다.

러시아의 수학자인 게오르크 칸토어Georg Cantor(1845~1918)는 볼차노의 개념을 채택하여 집합에서 확고한 수학적 발판을 확립했다. 1874년에 칸토어가 발표한 『집합론』은 집합론set theory이 발달하는 데 시초가 되었으며 곧 논쟁을 불러 일으켰다. 이론 물리학자이자 수학자인 앙리 푸앵카레Henri Poincaré는 집합론을 '질병'이라고 선언하고, 언젠가는 수학이 집합론이라는 질병에서 회복할 것이라고 말했다. 칸토어는 이 논문에서 최소한 서로 다른 두 종류의 무한을 제시했다. 그 전에는 무한에 질서가 존재하지 않았다. 모든 무한집합은 동일하게 무한한 것으로 여겨졌다.

칸토어는 자연수의 무한급수(1, 2, 3, 4, 5 ...)와 10의 배수의 무한급수(10, 20, 30, 40, 50 ...)를 고려했다. 10의 배수가 분명히 자연수의 부분집합이긴 하지만, 1과 10, 2와 20, 3과 30과 같은 방식으로 두 집합은 일대일 대응을 이룰 수 있다. 이것은 이 두 집합이 동일한 수의 요소를 가지며, 따라서 같은 크기의 무한집합이라는 점을 보여준다. 이와 마찬가지로 홀수와 짝수 같은 자연수의 다른 부분집합에도 일대일 대응이 분명히 적용될 수 있다. 칸토어는 분수가 정수보다 더 많다는 사실이 명백한 것 같지만, 그러한 모든 분수 (또는 유리수) 조차도 모든 정수와 일대일 대응이 이루어질 수 있으며, 따라서 유리수가 자연수와 동일한 무한 범주에 있다는 것을 깨달았다.

칸토어가 π, e, $\sqrt{2}$와 같은 무리수를 포함하는 십진수의 무한급수를 고려하면서 그의 방법론은 보다 구체적으로 확립되었다. 칸토어는 원래 목록에서 부재했던 새로운 십진수를 구성하는 것이 항상 가능할 수 있는 방법을 보여주었다. 그리고 십진수의 무한이 자연수의 무한보다 실제로 더 크다는 것을 증명했다. 따라서 모든 각 유리수 사이에는 무한개의 무리수가 존재한다는 주장이 성립될 수 있다.

종교적이었던 칸토어는 절대 무한과 신을 동일시하고, 초한수transfinite라는 새로운 용어를 만들어 절대 무한과 자신이 확립한 다른 차원의 무한수를 구별했다. 칸토어는 무한집합의 크기를 나타낼 새로운 기호가 필요하게 되었고, 히브리 문자 aleph(ℵ)를 사용했다. 칸토어는 $\aleph_0$(알레프 제로, aleph-null 또는 aleph-nought)를 자연수의 무한집합으로 정의하고, $\aleph_1$(알레프 원, aleph-one)을 순서수의 집합으로 정의했다. 칸토어는 무한집합의 고유한 속성 때문에 $\aleph_0+\aleph_0=\aleph_0$ 그리고

복소평면, 즉 z-평면상 대수적 수의 시각화. 복소평면은 대수적 수(복소수)의 기하학적 표현이다. 정수형 다항식 계수가 커질수록 점은 작아진다.

$\aleph_0 \times \aleph_0 = \aleph_0$가 성립한다는 것을 보여주었다.

다른 무한의 가능성도 열려있다. 예를 들면 무한한 정수와 그보다 더 큰 무한한 십진수 사이에 하나의 무한이 존재할 수도 있고 심지어는 여러 무한이 존재할 수도 있다. 이것을 연속체 가설the continuum hypothesis이라고 한다. 칸토어는 그 사이에 다른 무한집합이 없다고 확신했지만, 그것을 증명할 수는 없었다.

칸토어는 무한을 더하고 빼는 것이 사실상 가능하며, 각각의 무한을 넘어서는 더 큰 크기의 또 다른 무한이 존재하고, 또 그 무한을 넘어서는 더 큰 무한들이 계속해서 존재한다는 것을 깨달았다. 사실 칸토어는 무한히 많은 무한수의 집합, 즉 어느 무한보다 더 큰 무한이 존재하는 무한의 무한을 보여주었다. 이것은 몹시 놀라운 발상이었다. 칸토어는 아리스토텔레스의 가무한에 대해 "가무한은 실무한의 존재에 의지한다. 사실 가무한 개념이 논리적으로 우선하는 실무한 개념을 항상 가리키는 한, 가무한은 차용한 현실일 뿐이다."라고 말했다.

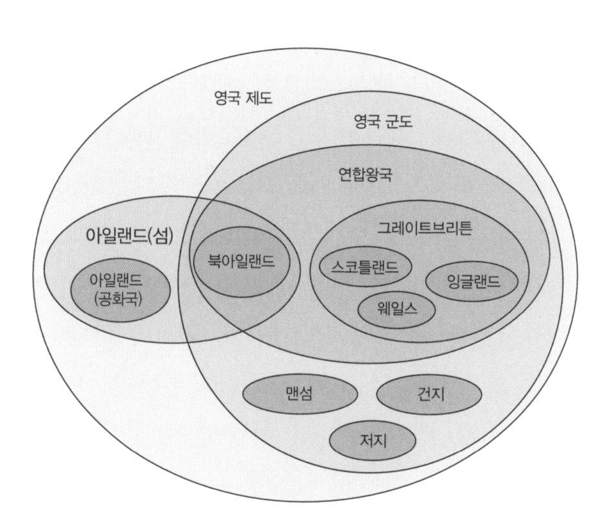

집합으로 나타낸 영국 제도

러셀의 역설

1901년에 수학자이자 철학자인 버트런드 러셀(Bertrand Russell)이 집합론 문제를 제시했다. 얼핏 보기에 그 문제는 다소 어렵지 않아 보였다. 자기 자신에 속하지 않는 모든 집합을 상상해보자. (예를 들어 홀수 집합 자체는 홀수가 아니므로 그 집합에 속하지 않는다.) 그리고 이 집합들의 큰 집합을 A라고 하자. 러셀의 문제는 '집합 A는 자기 자신에 속하는가?'였다.

만약 '그렇다, A는 A에 속한다.'고 답할 경우 문제가 생긴다. 정의상 A는 자기 자신에 속하지 않는 집합들의 집합이다. 따라서 A는 A에 속해서는 안 된다. 그러나 'A는 A에 속하지 않는다'고 답한다면 이것 역시 사실이 아니다. 애초에 기준이 '자기 자신에 속하지 않는 모든 집합'이었기 때문에, 이 규칙에 따르면 A는 A에 속해야 한다.

러셀의 역설은 칸토어의 집합론에 큰 타격을 주었으나 더 개선된 집합론이 나타나 대체되었다. 집합론은 다른 분야의 수학에 상당한 영향을 끼쳤기 때문에, 러셀의 역설 등을 이유로 무시하는 것이 아니라 이러한 역설을 해결하고 집합론의 주요 특징을 유지하는 방법을 모색하는 노력들이 이루어졌다.

실무한은 존재할까?

수학적으로 말하자면 무한이 존재한다는 것에는 의심의 여지가 없다. 하지만 실제 세계에서 무한인 것을 증명할 수 있는 양이 있을까? 무한은 추상적인 수학적 개념인가? 이 문제에 대해서는 무한히 커지는 개념과 무한히 작아지는 개념, 이 두 가지 접근법이 있다.

우주는 무한할까? 우리가 그것을 알 수 있는 방법은 없다. 빛이 무한한 우주를 지나가는 데에도 무한한 시간이 걸릴 것이고, 우리는 아마 그렇게 오래 살지는 못할 것이다! 현재 우리가 빅뱅이 일어났다고 생각하는 시점을 고려하면, 이론적으로 반지름이 약 470억 광년인 구형의 우주를 그려볼 수 있다. 이것은 상당히 큰 숫자이나 무한은 아니다. 우주론에서는 우주가 영원히 확장될 수 있다고 하지만, 적어도 이론적으로라도 그것을 측정할 수 있다면 우주가 무한히 커질 수는 없다.

무한히 작아지는 개념에서 볼 때, 관찰할 수 있는 우주 내에 존재하는 원자의 개수는 대략 4×10^{80}개 정도로 추정된다. 이것은 4 뒤에 0이 80개가 있는 숫자이다. 다시 말하지만, 이것 역시 매우 큰 수이기는 하지만 무한은 아니다. 양자 물리학자들은 공간을 토막토막 자르면 자를 수 있는 덩어리의 크기에 한계가 있을 것이라고 생각한다. 물론 매우 작은 크기이겠지만, 그것 역시 무한은 아니다.

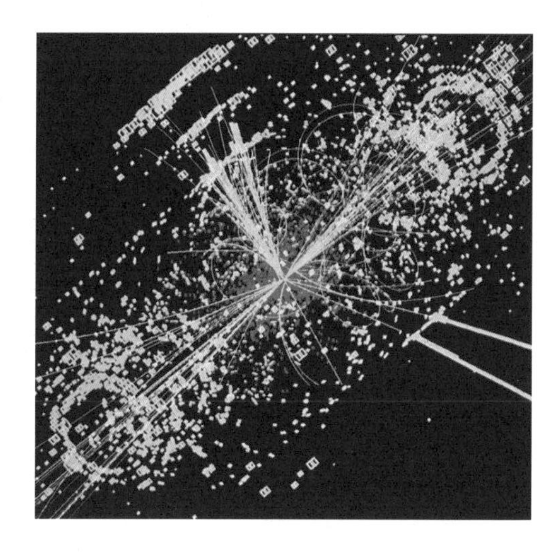

플랑크 길이Planck length는 일반적인 중력과 시공간에 대한 개념이 성립되지 않는 길이를 말한다. 플랑크 길이는 1.6×10^{-35} m(0.0000000000000000000000000000000000016m)이며 양성자의 크기보다 약 10^{-20}배 작다. 플랑크 시간Planck time은 빛이 플랑크 길이를 지나가는 시간을 말하며 5.4×10^{-44}초이다. 이것은 우리가 얻을 수 있는 가장 작은 무한에 가까운 것으로 우리 이해력의 절대적 한계이다.

대형 강입자가속기(Large Hadron Collider)와 허블 우주망원경(Hubble Space Telescope)과 같은 강력한 도구로 우리는 엄청나게 작은 것(위)부터 생각할 수 없을 정도로 방대한 것(왼쪽)에 이르기까지 다양한 척도에서 우주를 탐험할 수 있게 되었다. 하지만 실제로 무한이 존재하는지는 여전히 알기 어렵다.

Chapter

16

위상수학, 모양의 변형

위상수학은 때때로 '고무판 기하학rubber sheet geometry'이라고도 불리며, 물체를 변형하고 구부리며 늘이더라도 보존되는 성질을 연구하는 수학 분야이다. 이때 물체를 자르거나 구멍을 내서는 안 된다. 위상수학은 1736년, 레온하르트 오일러가 쾨니히스베르크의 다리 건너기 문제에 대한 해법을 제시하면서 시작된다. 오늘날에는 런던 지하철 노선도와 같이 우리에게 익숙한 위상 사상topological map에서 위상수학이 사용된다.

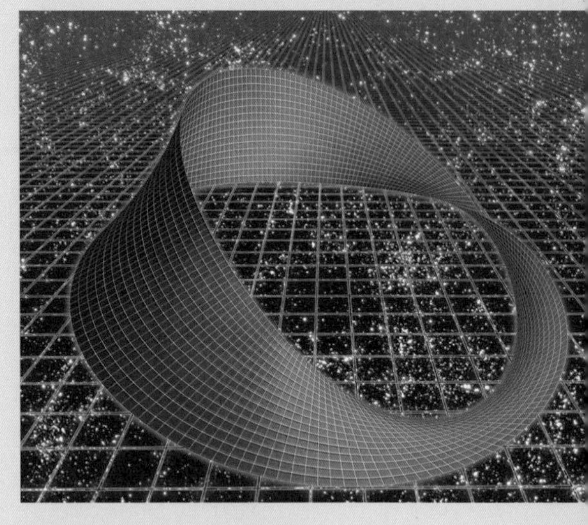

뫼비우스의 띠

위상수학 연대표

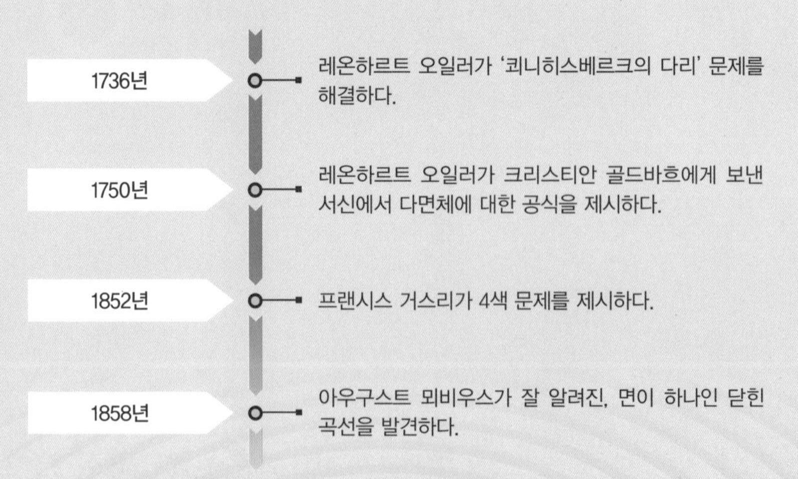

1736년
레온하르트 오일러가 '쾨니히스베르크의 다리' 문제를 해결하다.
1750년
레온하르트 오일러가 크리스티안 골드바흐에게 보낸 서신에서 다면체에 대한 공식을 제시하다.
1852년
프랜시스 거스리가 4색 문제를 제시하다.
1858년
아우구스트 뫼비우스가 잘 알려진, 면이 하나인 닫힌 곡선을 발견하다.

쾨니히스베르크의 다리

18세기, 동프로이센의 도시 쾨니히스베르크(현재 러시아의 칼리닌그라드)는 프레겔 강이 지나는 일곱 개의 다리로 유명했다. 이 도시는 네 개의 지역으로 나누어져 있었고, 이 다리들이 강으로 나뉜 지역들을 서로 연결해주었다. 쾨니히스베르크의 사람들은 호기심을 일으키는 문제를 제시했다. '각 다리를 단 한 번씩만 지나 이 도시의 다리 일곱 개를 모두 건널 수 있을까?' 아무도 그 답을 찾을 수 없었다. 모든 다리를 한 번씩만 건너려는 시도가 이루어졌지만 다 실패했고, 이것은 불가능한 것으로 여겨졌다. 하지만 가능한 경로가 아직 발견되지 않은 거라면?

1735년에 레온하르트 오일러는 인근 도시인 그단스크의 시장으로 인해 이 문제에 관심을 두게 되었다. 앞서 살펴봤듯이(177~179쪽 참조) 오일러는 정수론을 연구하고 있었다. 오일러는 처음에 쾨니히스베르크의 다리 문제를 수학적으로 풀 수 있을 거라고 생각하지 않았다. 그가 생각하기에 이 문제에 대한 해법은 수학적 원리가 아닌 추론을 통해 찾아야 했다. 그런데도 그는 이 문제에 매우 흥미를 느껴, 기하학, 대수학, 심지어는 계산 기술로도 이 해법을 찾을 수 없다고 편지에 썼다. 어쨌든 오일러는 새로운 해법을 찾았으며, 그 과정에서 새로운 수학 분야인 그래프 이론에 초석을 놓았다.

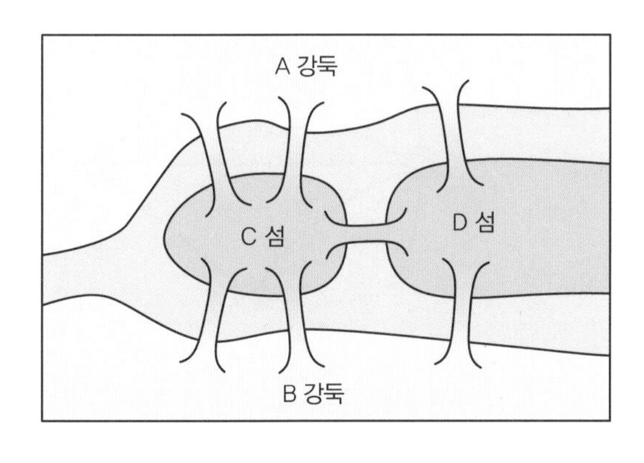

그래프로 나타낸 '쾨니히스베르크의 다리 건너기 문제'

그래프 이론

오일러는 이 문제를 해결하는 데 있어 도시의 실제 지리적 사항들은 중요하지 않다는 중대한 통찰을 하게 되었다. 오일러는 도시를 추상적인 그래프로 축소하여 나타냈다. 도시를 그림으로 표현한 이 그래프에서 도시의 구역은 점, 즉 꼭짓점으로 나타내고 도시의 구역을 연결하는 다리는 선, 즉 모서리로 나타냈다. 그래프상에서 선의 길이가 다르거나 선이 직선인지 아닌지 여부는 중요하지 않았다. 경로의 선택도 중요하지 않았다. 중요한 것은 다리를 지나가는 수열이었다.

오일러는 다리 건너기의 시작과 끝 부분만 제외하면 모든 다리는 지날 때 아직 지나가지 않은 다른 다리를 통해 다른 도시 지역으로 분명히 갈 수 있다는 것을 관찰할 수 있었다. 따라서 그는 도시의 네 지역이 홀수 개의 다리로 연결되어 있기 때문에 모든 다리를 단 한번만 지나가는 것은 불가능할 것이라고 추론할 수 있었다.

그래프 이론에서 각 결절점node에는 차수degree가 있으며, 이 차수는 결절점에서 나오는 선의 수를 나타낸다. 오일러는 차수가 홀수인 결절점이 두 개 이하인 경우에만 경로를 반복하지 않고 지나가는 것이 가능하다는 것을 증명했다. 쾨니히스베르크의 다리는 네 결절점의 차수가 모두 홀수이므로, 각 다리를 단 한 번씩만 지나 일곱 개의 다리를 모두 건너는 것은 불가능한 것으로 밝혀졌다.

오일러는 1736년에 쾨니히스베르크의 다리 건너기 문제에 대한 논문을 발표했으며, 이 논문은 '위치 기하학 관련 문제의 해법The solution of a problem relating to the geometry of position'이라는 제목으로 번역되었다. 논문의 제목은 거리가 중요하지 않은 새로운 유형의 기하학

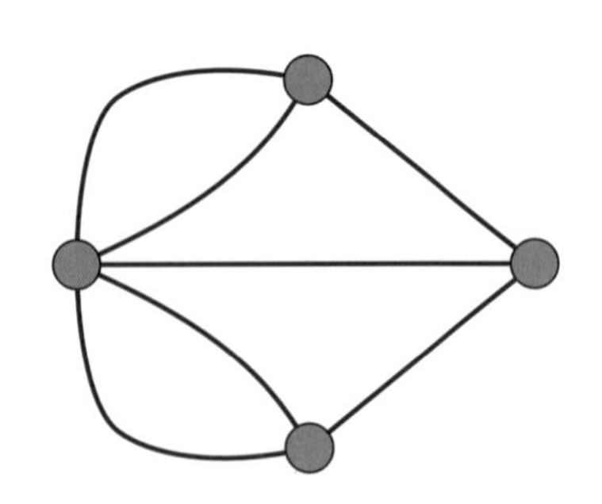

그래프로 나타낸 '쾨니히스베르크의 다리 건너기 문제'

을 다루고 있다는 점을 오일러가 의식했음을 보여준다.

지하철 노선도

1933년에 해리 벡(Harry Beck)이 고안한 상징적인 런던 지하철 노선도는 그래프를 훌륭하게 잘 사용한 사례이다. 지하철역은 꼭짓점이며 꼭짓점에서 연결되는 노선은 모서리이다. 다른 노선이 만나는 곳에는 교차로가 표시된다. 명확성과 사용의 편리함을 위해 그래프상에서 실제 거리와 방향은 왜곡된다.

런던 지하철 노선도

오일러는 측정 없는 수학의 확립을 향해 더 나아가 1750년에 크리스티안 골드바흐에게 보낸 서신에서 다면체에 대한 그의 유명한 공식을 제시했다. 오일러의 $v-e+f=2$ 공식에서 v는 다면체에서 꼭짓점의 개수, e는 모서리의 개수, 그리고 f는 면의 개수를 말한다. 예를 들어 정육면체는 $v=8$, $e=12$, $f=6$이므로 $v-e+f=8-12+6=2$가 된다. 이렇게 꽤 간단한 공식을 아르키메데스와 데카르트 같이 다면체에 대해 광범위하게 논의한 수학자들이 왜 생각해내지 못했는지 흥미롭다. 오일러가 다

꼭짓점의 개수(v) - 모서리의 개수(e) + 면의 개수(f) = 2

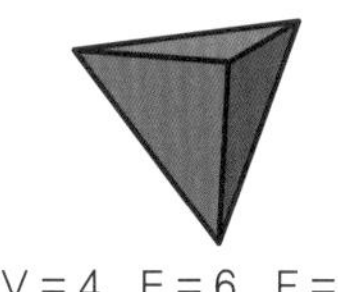

V = 4 E = 6 F = 4
4 - 6 + 4 = 2

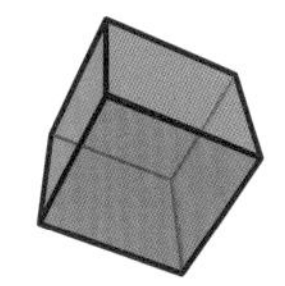

V = 8 E = 12 F = 6
8 - 12 + 6 = 2

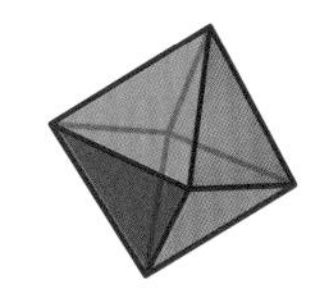

V = 6 E = 12 F = 8
6 - 12 + 8 = 2

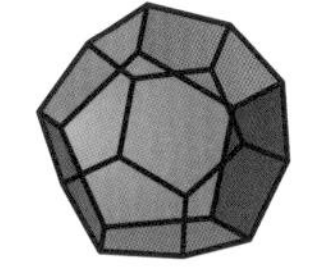

V = 20 E = 30 F = 12
20 - 30 + 12 = 2

다면체에 대한 오일러의 공식

른 사고방식을 제시하기 이전에는 측정되지 않는 방식으로 기하학을 개념화하는 것이 불가능한 것으로 여겨졌다.

악수 보조정리

악수 보조정리handshake lemma('보조정리'는 큰 정리를 증명하기 위해 사용하는 짧은 정리를 말한다)는 그래프 이론의 첫 번째 정리이며, 쾨니히스베르크의 다리 문제에 대한 오일러의 해법을 바탕으로 발전되었다. 이 보조정리에 따르면 모든 그래프에서 홀수 차수인 점의 개수는 반드시 짝수이다. 이것은 우리가 직접 해봄으로써 증명할 수도 있다. 점이 세 개이고, 각 점의 차수가 홀수인 그래프를 그려보면 할 수 없다는 것을 알 수 있을 것이다. 그래프에서 모든 선들은 반드시 시작하고 끝나는 지점이 있어야 하는데, 이것은 마치 악수를 하기 위해서는 두 사람이 필요한 것과 마찬가지이기 때문에 악수 보조정리라고 불리게 되었다. 그래프에서 모든 점의 차수를 더하면 짝수를 얻게 된다. 모든 점의 짝수 차수를 더하면 반드시 짝수가 나오게 된다. 짝수(모든 점의 차수)에서 다른 짝수(짝수 차수의 점)를 빼면 절대 홀수가 나오지 않으므로, 모든 점의 홀수 차수를 더해도 반드시 짝수가 나온다.

악수 보조정리 다이어그램

세 가지 유틸리티 문제

세 집이 있고, 각 집에는 가스, 전기, 물을 공급해야 한다고 상상해보자. 문제는 공급선이 서로 교차해서는 안 된다는 것이다. 세 집에 가스, 전기, 물을 공급선의 교차 없이 공급할 수 있을까? 할 수 없다. 평면에서 서로 교차 없이 그릴 수 없는 그래프를 비평면 그래프(non-planar graph)라고 한다. 물론 평면에서 벗어나 삼차원의 세계에서는 쉽게 문제를 해결할 수 있으며, 그것이 유틸리티 회사가 하는 일이라는 것은 당연하다.

나무 속으로

나무 그래프는 다리 그래프나 유틸리티 그래프와는 다른 형태의 그래프이다. 쾨니히스베르크의 다리 문제에는 정해진 시작점이나 끝점이 없다. 그래프에서 시작하고 끝나는 지점이 같은 경로를 순환이라고 하는데 나무 그래프에는 순환이 없다. 컴퓨터의 디렉터리는 루트 디렉터리에서 서브 디렉터리가 분할되어 나오는 나무 그래프 형태로 배열된다. 순환이 없기 때문에 한 서브 디렉터리에서 다른 서브 디렉터리로 교차하는 유일한 방법은 루트 디렉터리를 통해서이다.

나무 그래프에서 각 꼭짓점은 단 하나의 경로를 통해 다른 꼭짓점과 연결된다. 꼭짓점이 많을수록 그 점들을 연결해 나무 그래프를 만들 방법이 더 많아진다. 예를 들어 꼭짓점이 다섯 개이면 세 가지 방법으로 나무 그래프를 그릴 수 있다. 나무 그래프는 수소 원자와 탄소 원자의 수가 동일한 분자의 유기 화학에서 중요할 수 있는데, 원자들이 서로 연결된 방식은 원자 배열 방식에 따라 화학적 성질이 달라진다는 것을 뜻한다.

4색 문제

프랜시스 거스리(Francis Guthrie)는 1852년 처음으로 4색 문제(four-color problem)를 제시했다. 이 문제는 기본적으로 지도에서 인접한 두 지역이 같은 색이 되지 않도록 하면서 모든 지역을 최대 네 가지 색으로 칠할 수 있는지를 묻는다. 1976년에 케네스 아펠(Kenneth Appel)과 볼프강 하켄(Wolfgang Haken)이 1,200시간에 걸친 컴퓨터 계산 끝에 4색 문제를 증명했고, 이것은 주요 정리 중에서 최초로 컴퓨터를 사용하여 증명한 정리가 되었다.

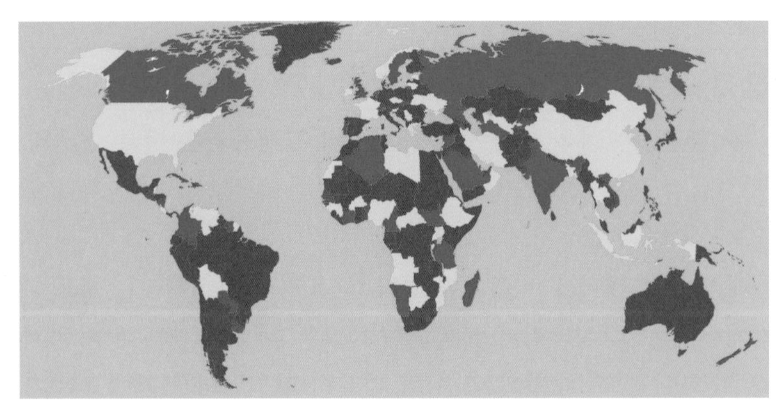

케네스 아펠과 볼프강 하켄이 증명한 4색 문제를 보여주는 세계 지도

고무판 기하학

때로는 '고무판 기하학'이나 '구부러지는' 기하학이라고 불리는 위상수학은 모양과 곡면을 다루는 기하학의 한 분야이다. 일반 기하학과는 달리, 위상수학에서는 측정과 각도 등이 중요하지 않다. 그러한 면에서 위상수학이 그래프 이론과 관련되고, 또 그래프 이론을 바탕으로 발전했다는 것을 알 수 있다. 오일러가 다리 문제를 해결한 방식과 마찬가지로 위상수학자들은 모든 모양을 결절점node과 접속connection의 네트워크로 바꾸었으며, 이러한 네트워크에서는 모양이 아무리 왜곡되어도 그 성질이 그대로 유지된다.

위상수학에서 중요한 것은 모양이 다른 모양으로 변하더라도 성질은 바뀌지 않는다는 점이다. 모양을 임의의 방향으로 밀거나 당기고 구부리거나 늘여 지속적으로 변형시키는 것은 허용되지만, 모양을 자르거나 구멍을 내는 것 또는 한 부분을 다른 부분에 끼우는 것은 허용되지 않는다.

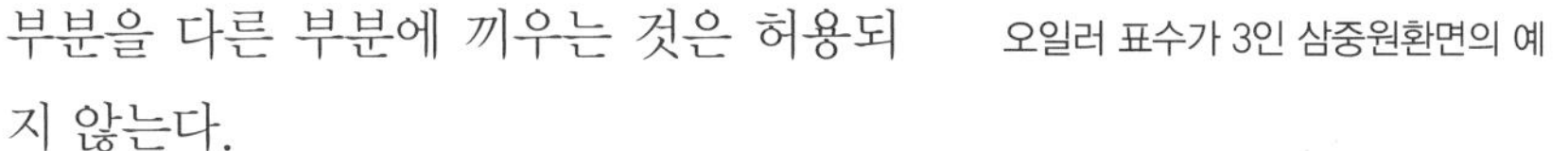

오일러 표수가 3인 삼중원환면의 예

우주 위상수학

우주학자들은 우주의 구조를 연구하면서 위상수학을 많이 사용한다. 우주의 정확한 모양은 우주를 구성하는 물질의 양에 좌우되며, 이것은 과거 우주가 생겨난 방식, 지금 우주가 움직이는 원리 그리고 먼 미래에 우주의 종말에 중대한 영향을 미친다. 우주학자들은 우주가 구 모양이거나 말안장 모양이거나 심지어는 평평한 모양일 것으로 생각한다. 따라서 위상수학은 우주론에도 보편적으로 응용된다고 말할 수 있다!

다면체

위상수학자가 연구하는 가장 기초적인 도형은 다면체(다면체는 면의 수가 여러 개인 입체도형을 말한다)이다. 위상수학의 뿌리는 그리스로 거슬러 올라간다. 유클리드는 그의 저서 『원론』에서 플라톤의 입체Platonic solid를 언급하며 다음과 같이 정확히 다섯 가지의 정다면체가 있다고 설명했다.

면의 수가 네 개인 정사면체
면의 수가 여섯 개인 정육면체

면의 수가 여덟 개인 정팔면체
면의 수가 열두 개인 정십이면체
면의 수가 이십 개인 정이십면체

이 다면체들은 모두 오일러의 공식 $v-e+f=2$에 들어맞는다.

이제 다면체를 관통하는 터널을 만든다고 가정해보자. 그래도 여전히 다면체라고 할 수 있을까? 만약 정육면체를 직선으로 관통하는 구멍을 만들면, v(꼭짓점의 수)는 16, e(모서리의 수)는 32, f(면의 수)는 16이 되며, 다면체에 대한 오일러의 공식이 적용되지 않고 답은 0이 된다. 오일러의 공식을 모든 도형에 적용하기 위해서는 도형을 그 구멍의 수에 따라 분류해야 한다. 모든 도형은 공식 $v-e+f=2-2r$으로 오일러 표수Euler characteristic라는 값을 구할 수 있으며, 여기서 r은 물체에 있는 구멍의 개수를 말한다. 앞서 살펴본 것과 같이 도형에 구멍이 없는 정다면체의 오일러 표수는 2이다. 구멍이 한 개 있다면 오일러 표수는 0이고, 프레첼처럼 구멍이 두 개 있다면 오일러 표수는 -2이다.

위상수학자들은 한 도형을 당기거나 늘여서 다른 도형으로 만들 수 있다면, 이 다른 두 도형을 동형이라고 판단한다. 두 도형의 오일러 표수가 같다면 가능하다. 대표적인 예로 도넛과 커피잔이 있다. 도넛과 커피잔의 곡면에는 구멍이 한 개가 있으므로 이 둘은 위상수학적 차원에서 동형이다.

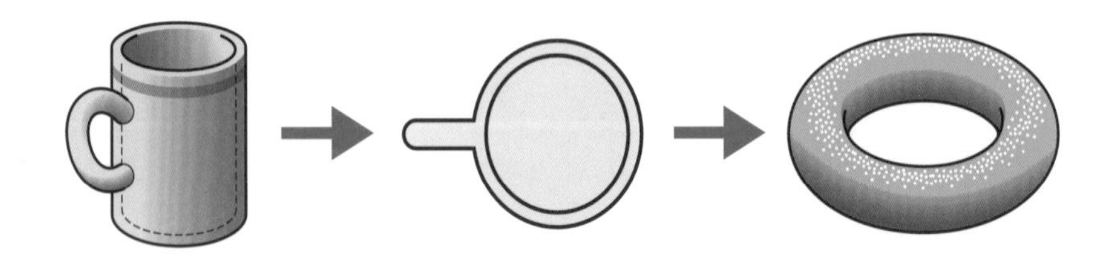

커피잔이 도넛으로 변형된다.

뫼비우스의 띠와 클라인의 항아리

일반적으로 곡면은 양면이다. 위상수학에서는 구멍을 뚫지 않고 종이의 한쪽 면에서 다른 면으로 갈 수 없다. 하지만 만약 폭이 좁고 기다란 종잇조각 가운데를 반쯤 꼬아서 양 끝을 이으면 무엇이 될까? 19세기 독일의 수학자 아우구스트 뫼비우스August Möbius는 이렇게 해서 면이 하나인 종잇조각을 발견했다. 한 번도 이렇게 해 본 적이 없다면 직접 해보기를 권한다. 뫼비우스의 띠를 만들어 연필로 종이 중앙을 따라 선을 그려보자. 그러면 종이에서 연필을 떼지 않고도 선을 그리기 시작한 출발점까지 돌아올 수 있다.

또 다른 독일의 수학자인 펠릭스 클라인Felix Klein은 한 단계 더 나아가 면이 하나인 도형 클라인의 항아리를 고안했다. 클라인은 이 항아리를 '고무 튜브 조각을 뒤집어 외부와 내부가 만나도록 통과시켜 시각화한' 곡면이라고 묘사했다. 이론적으로는 뫼비우스 띠 두 개를 사용해 클라인의 항아리를 만들 수 있다. 두 뫼비우스 띠의 경계선을 연결하여 면이 두 개인 보통의 띠를 사용하는 것이다. 하지만 삼차원 공간에서 클라인의 항아리를 만드는 것은 불가능하기 때문에 시도하지 않는 편이 좋을 것이다!

위상수학자들은 뫼비우스의 띠와 클라인의 항아리를 다양체manifold의 예로 간주한다. 수학자 레오 모저Leo Moser는 다음과 같은 오행 희시를 지었다.

클레인이라는 이름의 수학자
뫼비우스의 띠를 신성시했네.
그가 말했다네.
'두 개의 모서리를 연결하면
내 항아리와 같은 신기한 것을 만들 수 있을 걸세.'

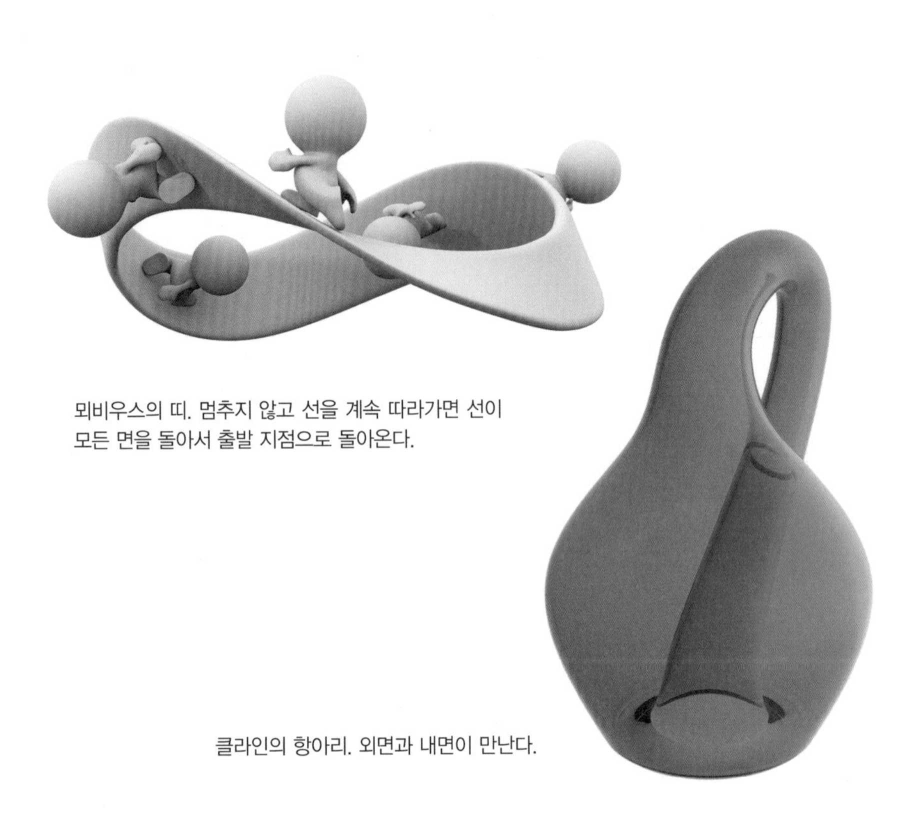

뫼비우스의 띠. 멈추지 않고 선을 계속 따라가면 선이
모든 면을 돌아서 출발 지점으로 돌아온다.

클라인의 항아리. 외면과 내면이 만난다.

우리는 도넛이다!

누군가 우리가 도넛이라고 말한다면 위상수학적인 관점에서 그 말이 옳다는 사실을 받아들여야 할 것이다. 도넛에는 관통하는 구멍이 한 개 있고, 그것은 사람도 마찬가지이다. 위상수학자들에 따르면 우리는 도넛과 동형이다.

"자연과학의 수학적 본질은 간단명료할 것이다."

"The mathematical essence of natural science will be simple and clear."

⋮

오귀스탱 루이 코시Augustin Louis Cauchy

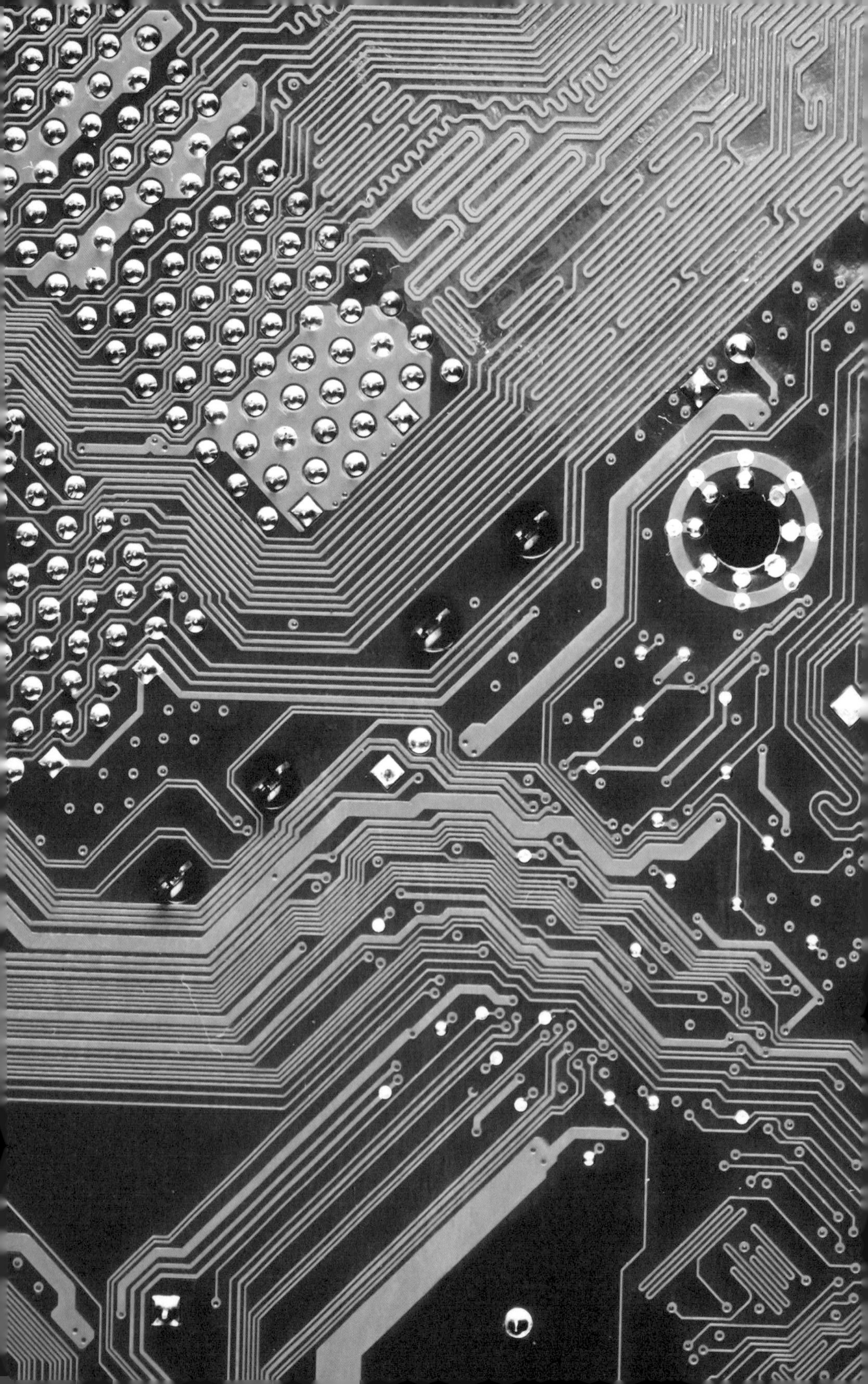

Chapter

17

컴퓨터 과학의 탄생

다비트 힐베르트David Hilbert는 임의의 수학 문제에 알고리즘을 적용해 증명 없이도 그 문제가 참인지 거짓인지를 판별할 수 있을지 알고 싶어 했다. 힐베르트는 산술 체계의 바탕이 되는 기본 논리를 사용하여 궁극적인 수학 이론을 고안할 수 있을지 궁금했다. 수학 문제에 대한 힐베르트 문제를 풀기 위해, 앨런 튜링Alan Turing은 가상의 기계를 고안했으며 그것이 불가능하다는 것을 증명했다. 이후 튜링기계Turing machine로 알려진 이 이론상의 기계는 컴퓨터 과학이 확립되는 데 중대한 역할을 했다.

초기 데스크탑 컴퓨터

컴퓨팅 연대표

1642년	블레즈 파스칼이 최초의 계산기를 만들다. 파스칼의 계산기는 톱니바퀴 여덟 개를 회전하여 덧셈과 뺄셈을 했다.
1679년	고트프리트 라이프니츠가 이진법을 확립하다.
1801년	견직공인 조셉 마리 자카드가 천공카드를 사용해 직조 문양을 만드는 직기를 발명하다.
1822년	찰스 배비지가 차분기관에 대한 생각을 발표하다. 배비지의 차분기관은 소수점 아래 여섯째 자리까지 수학 함수를 계산할 수 있다. 톱니바퀴 수백 개로 작동되며 무게는 2톤이다.
1931년	MIT 공학자인 바네바 부시와 동료들이 미분방정식을 푸는 컴퓨터인 미분분석기를 발명하다.
1935년	독일의 발명가인 콘라트 추제가 이진 표기법을 사용한 컴퓨터를 고안하다.
1936년	앨런 튜링이 훗날 '튜링기계'로 불리게 되는 기계에 대한 자신의 생각을 발표하다.
1943년	앨런 튜링과 동료들이 제2차 세계 대전 중 독일의 로렌츠 암호를 해독하기 위한 컴퓨터 콜로서스를 개발하다.
1945년	존 폰 노이만이 오늘날에도 사용되는 컴퓨터 아키텍처의 기초를 설계하다.

알아야 한다! 알게 될 것이다!

다비트 힐베르트는 가장 중요하고 존경받는 20세기의 수학자들 중 한 명이다. 힐베르트의 수학적 천재성은 많은 문제와 발상에 영향을 끼쳤다. 힐베르트 공간(무한 차원의 유클리드 공간), 힐베르트 곡선, 힐베르트 분류, 힐베르트 부등식 등 힐베르트의 이름을 딴 수학 용어와 그가 발견한 정리가 많다.

독일 괴팅겐에 있는 다비트 힐베르트의 묘

힐베르트는 1900년에 국제수학자대회ICM, International Congress of Mathematics에서 풀어야 할 가장 중요한 미해결 수학 문제 23개를 제시해 20세기 수학이 나아갈 방향을 제시했다. 힐베르트가 제시한 문제 중에는 매우 정확한 문제도 있지만 어떤 문제들은 애매하고 해석이 필요했다. 적어도 부분적으로는 해결된 문제들도 있지만, 몇몇 문제는 완전히 해결되지 않을 수도 있다.

아마도 힐베르트가 이룬 가장 위대한 업적은 유한성 정리finiteness theorem일 것이다. 힐베르트는 가능한 방정식의 수는 무한하지만, 방정식 유형의 수는 유한하며 이 유한한 방정식을 구성 요소로 하여 다른 방정식을 만들어낼 수 있음을 보여주었다. 힐베르트는 사실 이러한 유한한 집합의 방정식을 구성하지는 못하고 반드시 존재할 것이라는 걸 증명하는 데에 그쳤다. 수학에서는 이것을 존재증명existence proof이라고 말하기도 한다. 존재증명은 구체적인 예제를 직접 제시하거나, 예제를 산출하는 알고리즘을 제시하는 구성적이고 예증적인 증명과는 다르다.

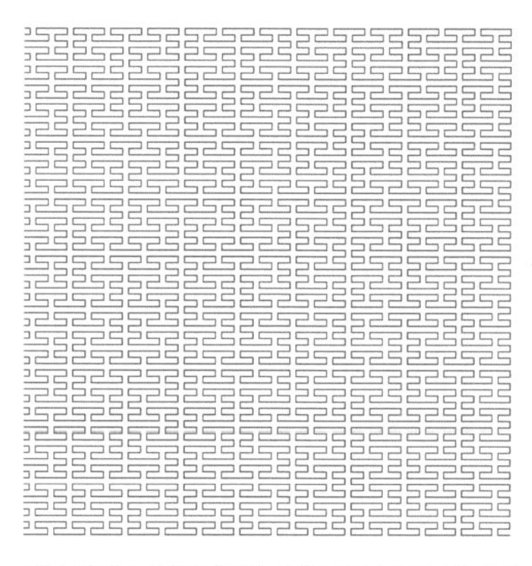

연속적인 프랙탈 공간 채움 곡선으로 나타난 힐베르트 공간 채움 곡선

훗날 힐베르트 공간으로 알려지게 된 개념을 발전시키는 데에는 구체적 증명보다 존재증명의 사용 역시 중요했다. 이를 통해 유클리드의 기하학은 임의의 수의 차원, 심지어는 무한한 수의 차원으로 확장된다. 힐베르트 공간은 양자역학을 수학적으로 공식화하는 데 토대가 되었다.

힐베르트는 수학 발전에 대해서 상당히 낙관적이었다. 도입부에 삽입된 사진에서 힐베르트의 묘비에 새겨진 글을 볼 수 있다. 힐베르트는 모든 수학 분야를 확고한 논리적 근거를 기반으로 확립할 수 있다고 확신했다. 그는 모든 수학 분야에 적용되는 완전하고 일관된 공리 집합을 찾겠다는 포부를 갖고 있었으며 궁극적으로 이론적인 컴퓨터 과학의 토대를 마련했다.

튜링기계

앨런 튜링Alan Turing(1912~1954)은 1935년에 케임브리지 대학교에서 수학기초론 수업을 수강했다. 튜링은 그곳에서 다비트 힐베르트가 제시한 수학의 본질에 대한 세 가지 개념을 접했다. 수학은 완전한가? 수학은 일관되는가? 그리고 수학은 결정 가능한가? 즉, 명제가 참인지

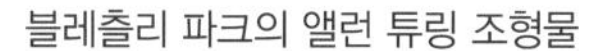

블레츨리 파크의 앨런 튜링 조형물

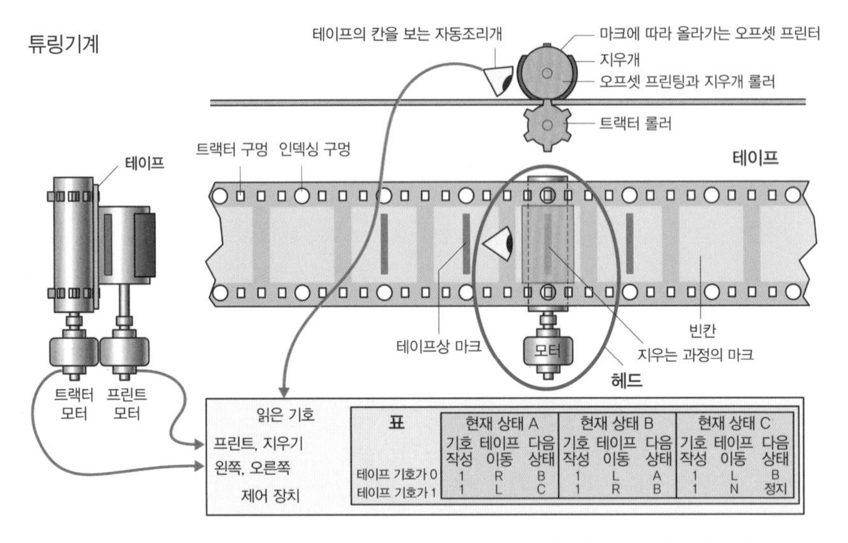

표	현재 상태 A			현재 상태 B			현재 상태 C		
	기호 작성	테이프 이동	다음 상태	기호 작성	테이프 이동	다음 상태	기호 작성	테이프 이동	다음 상태
테이프 기호가 0	1	R	B	1	L	A	1	L	B
테이프 기호가 1	1	L	C	1	R	B	1	N	정지

가상의 기계인 튜링기계의 테이프와 헤드. 명령표는 다른 읽기 전용 테이프 위에 있거나 천공카드 위에 있을 수 있다. 일반적으로 표의 모델은 유한 상태 기계(finite state machine)이다.

거짓인지를 판별할 수 있는 논리적 방법이 있을까? 힐베르트는 이 세 가지 질문 모두에 대한 답이 '그렇다'일 것으로 생각했다.

쿠르트 괴델Kurt Gödel(1906~1978)은 1931년에 발표한 역사적인 논문에서 첫 번째와 두 번째 질문에 대한 답이 사실은 '그렇지 않다'이고, 산술은 완전하지도 그리고 일관되지도 않다는 것을 증명했다. 하지만 세 번째 질문은 해결되지 않고 있다. 힐베르트가 말한 것처럼, 수학 명제를 증명할 수 있는지 여부를 결정하는 데 적용할 명확한 방법, 기계적 과정이 있을까?

튜링은 제시되는 임의의 수학 명제의 결정 가능성을 증명할 가상의 자동 기계를 구상했다. 튜링기계는 무한한 길이의 테이프 형태로 구성되어 무한한 기억 용량을 갖추고 있다. 테이프는 정사각형 단위로 칸이 나뉘어 있고 각 정사각형 칸 안에 기호가 인쇄될 수 있다. 기계 안에는 항상 한 개의 기호가 있으며 그 기호를 '읽은 기호scanned symbol'라고 한다. 기계는 읽은 기호를 변경할 수 있으며 읽은 기호가 기계의

괴델의 불완전성 정리

쿠르트 괴델

괴델의 불완전성 정리는 수학에서 가장 영향력 있는 정리 중 하나이다. 불완전성 정리는 두 부분으로 나뉜다. 첫째, 불완전성 정리는 기초 산술을 표현할 수 있는 임의의 이론은 일관되면서 동시에 완전할 수는 없다는 점을 명시한다. 특정한 기초 산술적 진리를 증명하는 일관되고 형식적인 이론에서 참이지만 이론으로 증명할 수 없는 산술적 명제가 존재한다. 둘째, 기초 산술적 진리와 증명 가능성을 포함한 형식적 이론에서, 이론이 일관성에 관한 명제를 포함한다면 그 이론은 일관성이 없다.
넓은 의미에서, 괴델의 말은 증명된 수학 정리의 집합은 참인 정리의 집합의 부분집합에 불과하다는 뜻이다. 참이지만 증명할 수 없는 정리가 반드시 있을 것이다. 괴델의 불완전성 정리는 모든 수학에 완전성과 일관성이 적용될 것이라는 다비트 힐베르트의 꿈에 종지부를 찍었다.

동작을 부분적으로 결정한다. 이때 테이프의 다른 위치에 있는 기호는 기계의 작동에 영향을 미치지 않지만, 테이프가 앞뒤로 이동될 수 있으므로 모든 기호가 차례로 읽히며 기계의 작동에 영향을 미친다.

그런 다음 모든 문제는 명령표로 변형될 수 있다. 실질적으로 튜링이 고안한 것은 컴퓨터 알고리즘과 범용 컴퓨터의 개념이었다. 기계의 작동을 관장하는 명령표는 특정 상황에서 특정 기호가 나타날 경우 수행할 작업을 지시하는 행동표, 즉 알고리즘이다. 여기서 이루어진 중대한 진보는 행동표를 기억 테이프의 일부로 만들 수 있다는 사실이었다. 이 사실은 튜링기계가 입력되는 모든 계산 기능을 수행할 수 있는 범용 기계로 발전할 수 있는 길을 열어주었다.

1936년 4월, 튜링은 '계산가능한 수와 결정문제에 대한 응용On Computable Numbers, with an Application to the Entscheidungsproblem'이라는 논문의

초안을 완성했다. 그는 이 논문에서 기념비적인 기계에 대해 기록했다.

1. 계산가능한 수와 계산기 개념에 대해 정의
2. 범용 기계 개념 제시
3. 이러한 개념들을 이용하여 결정문제가 결정불가능함을 증명

튜링은 어떠한 기계도 모든 수학 문제를 풀 수는 없다는 사실을 증명했다. 하지만 그는 이러한 과정에서, 과학과 공학의 많은 실용적인 문제들을 해결할 가능성이라는 실질적이고도 영구적으로 중요한 문제에 토대를 마련했다.

튜링은 1938년 미국 뉴저지주의 프린스턴 대학교에서 박사 학위를 취득했으며, 당시 그의 나이는 25살이었다. 당시 단연 뛰어난 수학자였던 존 폰 노이만John von Neumann 수학 교수는 튜링에게 그의 연구 보조원 자리를 제안했다. 폰 노이만은 젊은 영국인인 튜링에 깊은 인상을 받았다. 하지만 폰 노이만은 튜링을 추천하는 친서에서 튜링의 결정문제 연구는 언급하지 않았는데, 이것은 나중에 폰 노이만이 컴퓨터 연구로 완전히 전향했다는 사실을 고려하면 이상한 점이다. 하지만 잘 생각해보면 튜링 역시 모친에게 보낸 편지에서 복도 건너에 아이슈타인의 업적에 비하면 결정문제를 해결한 것이 그다지 대단한 것이 아니었다고 썼다.

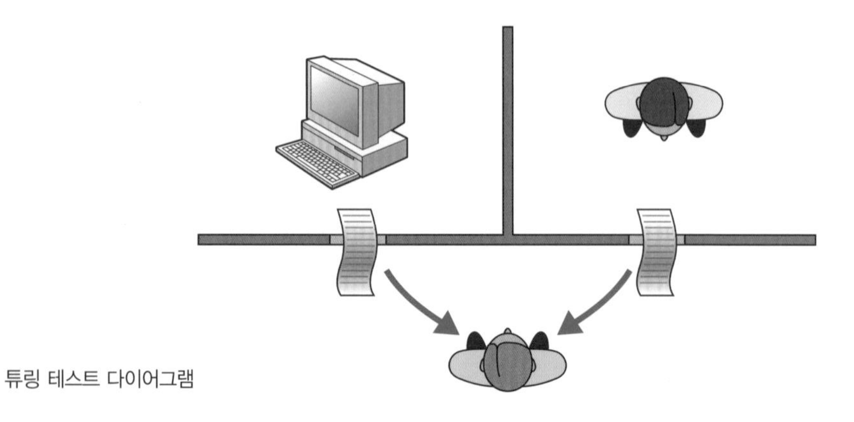
튜링 테스트 다이어그램

이미테이션 게임

1950년 앨런 튜링은 기계가 지능적인지를 판별하는 문제를 다루었으며, 그가 고안한 테스트는 오늘날에도 여전히 사고에 영향을 미친다. 튜링은 이미테이션 게임의 한 형태를 바탕으로 질의자가 두 응답자를 볼 수 없는 상황에서 서면 질문을 사용하여 질의하는 방법을 제시했다. 한 응답자는 사람이고 다른 응답자는 컴퓨터인데, 응답자가 사람인지 컴퓨터인지를 질의자가 판별할 수 있는지가 문제이다. 아직까지 어떤 인공지능도 확실하게 튜링 테스트를 통과하지는 못했지만, 2014년 튜링 테스트에서 심사위원단의 33%가 13세 소년으로 가장한 채팅 로봇 유진 구스트만(Eugene Goostman)을 사람으로 인정했다.

튜링은 폰 노이만의 제안을 거절하고 영국으로 돌아가 블레츨리 파크에서 '울트라' 프로젝트에 합류해 암호 해독자로 일했다. 튜링은 이 프로젝트에서 최초의 컴퓨터인 콜로서스Colossus를 이용해 독일군 암호 기계인 에니그마Enigma의 암호를 해독했다.

제1세대 컴퓨팅

존 폰 노이만John von Neumann(1903~1957)은 1930년대 후반에 초음속 문제와 유체의 난류 문제에 몰두해 있었으며, 제2차 세계대전 초에는 충격파와 데토네이션파에 관해 세계 최고의 전문가들 중 한 명이었다. 폰 노이만은 자신의 관심 연구 분야에서 제기되는 많은 문제를 해결하는 데 컴퓨터가 도움이 될 수도 있다는 것을 깨달았다. 폰 노이만은 1944년에 펜실베이니아 대학교의 무어 스쿨Moore School에서 활동했는데, 이곳의 공학자들은 최초의 프로그램 내장형 전자 디지털 컴퓨터인 에니악ENIAC, Electronic Numerical Integrator And Calculator을 만들었다. 에니악은 진공관 회로와 자기 드럼 기억 장치를 사용했다. 에니악은 대략적으로 높이 2.4 m, 길이 30 m, 폭 0.9 m에 달했고, 300 m^2 크기의 방을 차지할 정도였으며, 무게는 거의 30톤에 육박했다. 책상 위에 올려놓을 만한 종류의 컴퓨터는 절대 아니었다!

이진법

일상생활에서 우리는 우리에게 익숙한 십진법을 사용해 계산한다. 이진법은 0과 1의 단 두 개의 기호만을 사용하며, 수의 자릿값은 10배씩이 아닌 2배씩 커진다. 십진법의 2를 이진법 수로 나타내면 10이다(첫 번째 자리에는 0, 두 번째 자리에는 1이 들어간다). 이것과 관련된 오래된 수학 농담이 있다. 세상에는 10가지 유형의 사람이 있는데, 이진법을 이해하는 사람과 이해하지 못하는 사람이다. 농담은 그렇다 치고, 이진법은 모든 수를 온(1) 또는 오프(0)를 나열하여 나타낼 수 있으므로 컴퓨터에서 필수적이다. 이진법을 사용한 최초의 컴퓨터는 독일의 항공기 공학자인 콘라트 추제(Konrad Zuse)가 1936년에 개발한 컴퓨터 Z1이다.

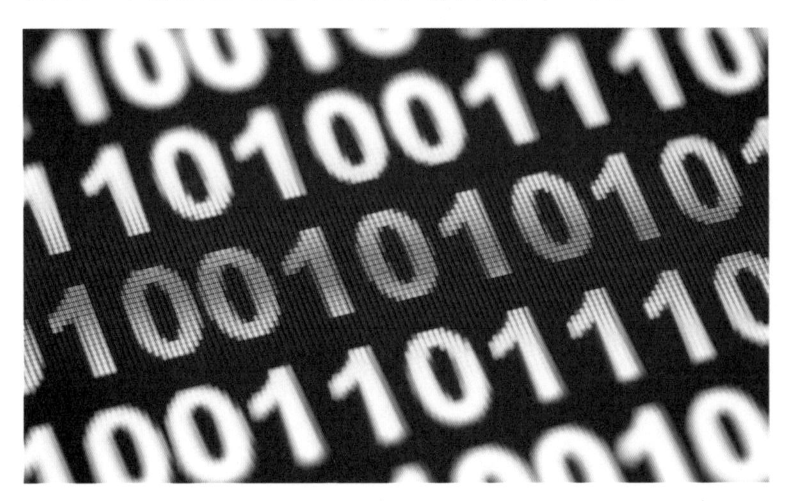

이진코드

1946년에 폰 노이만은 '컴퓨터 과학의 출생증명서'라고 할 수 있는 논문을 발표했다. 그는 컴퓨터의 데이터와 명령은 단일 저장소에 보관되어야 한다는 개념, 즉 프로그램 내장 방식의 컴퓨터 개념을 제시했다. 명령이 컴퓨터에 저장되어 있으므로 종이카드나 배선반을 공급할 필요가 없으며 필요한 만큼 빠르게 명령에 접근할 수 있다.

또한 폰 노이만은 명령이 다른 명령으로 수정될 수 있도록 프로그램의 코드를 작성하기를 바랐다. 이것은 한 프로그램이 다른 프로그램을 데이터로 취급할 수 있음을 의미하므로 큰 진전이었다. 컴퓨터 소프트웨어 개발에서 이루어진 발전은 대부분 폰 노이만이 제시한 개념에 따른 결과이다. 컴퓨터 구성 요소가 서로 연결되는 방식을 컴퓨터 아키텍처라고 한다. 폰 노이만이 고안한 컴퓨터 구성 요소의 구조는 오늘날에도 거의 모든 컴퓨터에서 여전히 사용되고 있다. 폰 노이만의 구조는 다섯 가지 주요 컴퓨터 구성 요소로 기본 덧셈 연산을 수행하는 연산장치, 명령을 실행하는 중앙처리장치, 데이터와 명령을 저장하는 기억장치, 그리고 기계와 사람이 서로 대화할 수 있게 해 주는 입력장치와 출력장치를 제시한다. 이후 프린스턴 고등연구소에서 컴퓨터 개발을 지휘한 허먼 골드스타인Herman Goldstine은 폰 노이만의 논문이 '컴퓨팅과 컴퓨터에 관해 기록한 문서 중에서 가장 중요한 문서'라고 묘사했다.

폰 노이만은 컴퓨터 설계뿐만 아니라 수치해석 분야의 혁신가였다. 수치해석은 방정식의 해를 수치적으로 근사해서 구하는 기법으로, 그 기원은 바빌로니아 수학까지 거슬러 올라간다. 수치해석은 20세기에 물질에 가해지는 응력과 물질의 변형, 일기예보, 항공 역학과 같이 시간이 지나면서 변하는 것의 모형을 만들어야 하는 과학자와 공학자들에게 중요한 도구로서 독자적인 수학 분야로 발전했다. 수치해석 분야에서 폰 노이만이 이룬 선구적인 업적은 오늘날 사용되는 정교한 컴퓨터 모델 개발에 여전히 영향을 미치고 있다.

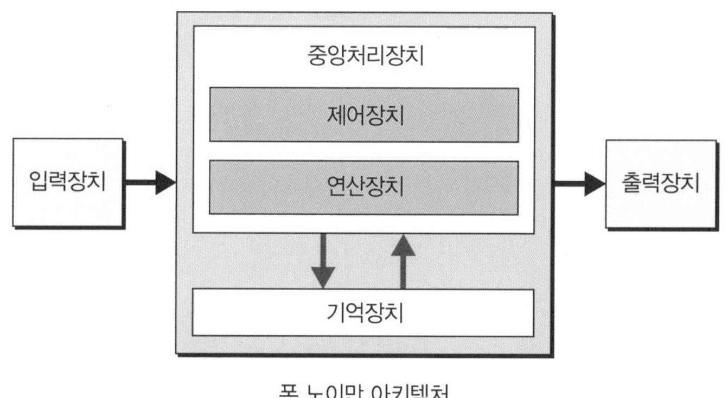

폰 노이만 아키텍처

Chapter

18

게임이론

존 폰 노이만

전략적 사고는 인간의 많은 행위에서 필수적인 역할을 한다. 연금 펀드 매니저가 어디에 돈을 투자하는 것이 가장 좋을지 고민할 때, 체스 경기자가 체스 게임에서 최고의 수를 고민할 때, 또는 장군이 군대를 투입할 결정적 순간을 기다릴 때, 언제 어디서 어떻게 행동할지를 아는 것이 상당히 중요하다.

경쟁적인 게임이나 갈등 상황에서 올바른 결정을 내리는 데 수학이 도움이 될 수 있을까? 존 폰 노이만과 존 내쉬John Nash와 같은 수학자들은 수학이 도움이 될 수 있다고 확신하고 게임이론을 발전시켰다. 오늘날 게임이론은 경제, 외교, 그리고 스포츠에서 핵심적인 역할을 한다.

게임이론 연대표

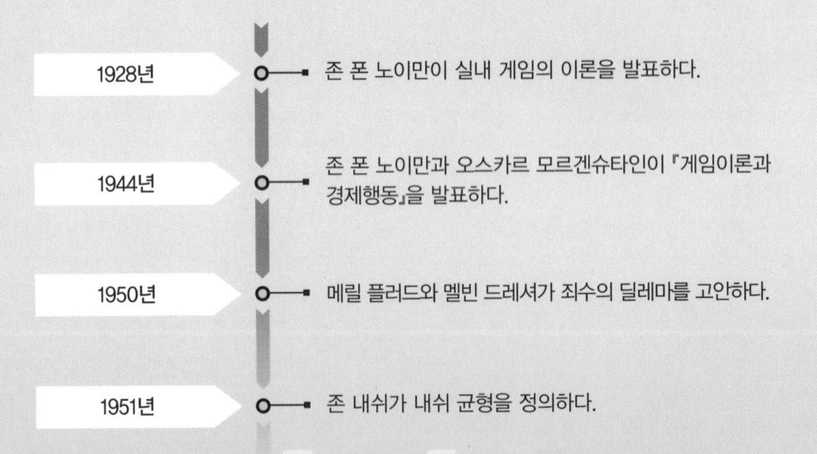

1928년
존 폰 노이만이 실내 게임의 이론을 발표하다.
1944년
존 폰 노이만과 오스카르 모르겐슈타인이 『게임이론과 경제행동』을 발표하다.
1950년
메릴 플러드와 멜빈 드레셔가 죄수의 딜레마를 고안하다.
1951년
존 내쉬가 내쉬 균형을 정의하다.

실내 게임이론의 논리

게임이론은 비교적 최근에 확립된 수학 분야이다. 게임이론의 기원은 더 오래 전으로 거슬러 올라가지만, 존 폰 노이만이 1928년에 발표한 '실내 게임의 이론theory of parlour games'에서 처음으로 제시되었다. 게임이론은 다양한 '게임' 상황에서 참가자가 최선의 결과를 얻기 위해 벌이는 행위를 수학적으로, 그리고 논리적으로 판단하기 위한 이론이다. 게임은 체스와 같은 실제 게임이 될 수도 있고 전쟁과 같이 더 중대한 상황이 될 수도 있다. 모든 상황에 공통적으로 적용되는 요인은 상호의존성이다. 즉, 결과는 한 참가자가 내린 결정뿐만 아니라 모든 참가자가 내린 결정에 따라 정해진다는 뜻이다. 만약 내가 체스에서 말 중 하나인 루크를 희생하기로 결정했을 때, 상대방은 이 수에 넘어갈까, 아니면 내가 간과한 무엇인가를 알아차리고 내가 예상하지 못한 수를 쓰게 될까?

게임이론은 참가자들 간에 이해관계가 상충되는 상황에서만 적용된다. 상대방의 선택이 자신의 결정에 영향을 미치고, 또 자신의 선택이 상대방의 행동에 영향을 미친다는 것을 감안해서 자신에게 최선인 결정을 내리는 상황에서 중요하고 유용한 도구이다. 게임이론은 오늘 점심으로 무엇을 먹을지 결정하는 데에는 도움이 되지 않는다.

게임이란 무엇인가?

모든 게임은 다음의 특성을 지닌다.

1. 모든 참가자는 합리적으로 행동하며 동일한 규칙을 준수해야 한다.
2. 참가자는 게임 결과에 영향을 줄 수 있는 전략이 있어야 한다.
3. 참가자의 행위에 대한 결과 또는 보상이 따른다.

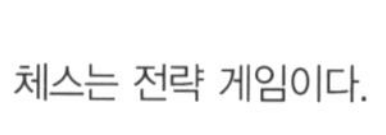
체스는 전략 게임이다.

수학적으로 게임이론은 우연적 요소에 영향을 받는 상황과 그렇지 않은 상황의 두 가지 분류로 나눌 수 있다. 우연이 영향을 미치지 않는다면 분석을 통해 승리 전략을 세우고 그 전략을 정확하게 준수하여 승리를 보장할 수 있다. 만약 두 참가자가 같은 전략을 취한다면 결과가 무승부가 되는 것은 불가피할 것이다. 우연 게임은 승리할 확률이나 패할 확률을 계산하는 것으로 필연적으로 결과는 승리와 패배 중 하나가 된다.

분배행렬

그러면 전략적 의사 결정에 도움이 되는 게임이론의 도구에는 어떤 것이 있을까? 한 가지 예로는 분배행렬payoff matrix이 있다.

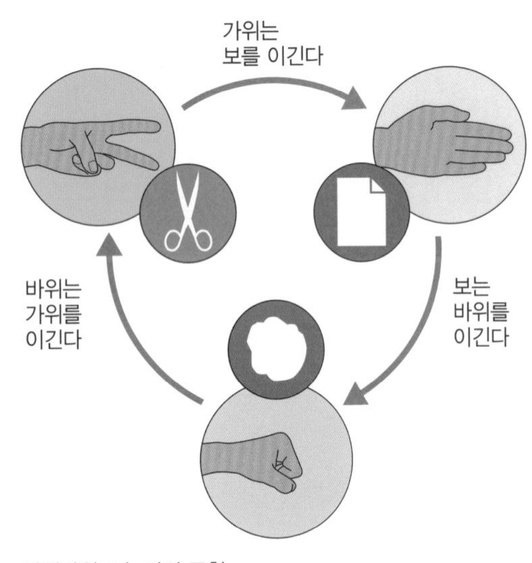

가위바위보 놀이의 규칙

누구나 어릴 때 가위바위보 놀이를 해 본 적이 있을 것이다(아마 여전히 하고 있을 수도 있다!). 가위바위보 놀이는 가장 단순한 전략 게임이다. 모든 경기자는 셋까지 센 다음 동시에 가위, 바위, 보 중 한 개를 선택하여 내놓는다. 가위는 보를 이기고 바위는 가위를 이기며 보는 바위를 이긴다. 모든 경기자는 상대방의 선택을 이길 수 있는 것이 무엇일까를 생각하고 그것을 바탕으로 무엇을 선택할지를 결정한다.

경기자 1 \ 경기자 2	바위	보	가위
바위	0 / 0	−1 / 1	1 / −1
보	1 / −1	0 / 0	−1 / 1
가위	−1 / 1	1 / −1	0 / 0

분배행렬

분배행렬에서는 가능한 선택과 그 선택에 따른 결과를 요약해서 보여준다. 분배행렬은 참가 경기자, 경기자들이 결정할 수 있는 선택, 그리고 그 결정에 따른 결과를 나타내는 세 부분으로 구성된다. 모든 게임에는 세 개의 선택(가위, 바위, 보)이 있으며 세 개의 결과(승리, 패배, 무승부)가 가능하다.

이 게임을 이길 수 있는 완벽한 전략은 상대 경기자가 무엇을 할지 정확히 알고 상대를 이길 수 있는 최고의 선택을 내리는 것이다. 그러나 그렇게 될 가능성이 거의 없기 때문에, 구사할 수 있는 최고의 전략은 무작위로 선택하여 상대방이 내 결정을 추측하지 못하도록 만들어 나를 이길 전략을 구상하지 못하도록 하는 것이다. 상대방이 똑같은 전략을 구사한다면 가장 가능성이 높은 장기적 결과는 무승부이다.

내쉬 균형

내쉬 균형에서 모든 게임의 경기자는 다른 경기자가 내릴 결정을 예측하고 그 예측을 감안하여 최선의 결정을 내린다. 모든 경기자가 가장 최악이 아닌 선택을 하게 되므로 전략을 변경해도 아무런 이익이 없다. 전략을 어떻게 변경하더라도 결과적으로 경기자들의 선택이 나아지지 않기 때문에, 내쉬 균형에서는 경기자들이 서로 협력할 것을 독려한다. 노벨상 수상 경제학자인 존 내쉬(John Nash, 1928~2015)가 발견한 내쉬 균형은 게임 이론의 핵심 개념 중 하나이다. 내쉬는 유한한 수의 경기자와 유한한 수의 선택이 주어질 경우 게임은 균형상태에 도달할 수 있음을 보여주었다. 시카고 대학교의 로저 마이어슨(Roger Myerson)은 내쉬가 경제학에 미친 영향이 생물학에서 'DNA 이중나선의 발견에 필적하는 것'이라고 말했다.

존 내쉬

제로섬게임

가위바위보 놀이를 나타낸 분배행렬에서 각 칸에 표시된 점수를 더해보자. 모든 칸의 점수의 합은 제로(0)가 된다. 제로섬게임에서 경기자의 이익은 전적으로 상충되며 한 경기자의 이익은 반드시 다른 경기자의 손실이 된다. 게임이론의 기본적 규칙은 최대최소 규칙minimax rule이다. 1928년 존 폰 노이만이 증명한 이 규칙은 두 사람의 제로섬게임에서 최소 이익을 최대화하고 최대 손실을 최소화하는 최적의 전략이 존재한다고 설명한다.

죄수의 딜레마

게임이론이 적용되는 대표적 사례인 죄수의 딜레마는 1950년에 메릴 플러드Merrill Flood와 멜빈 드레셔Melvin Dresher가 처음으로 고안했다. 절도 혐의로 체포된 두 명의 용의자가 있다고 가정해보자. 두 용의자 모두 범죄를 저질렀다는 혐의를 받고 있지만 경찰은 이 둘을 기소할 만큼 충분한 증거를 확보하지 못했다. 하지만 경찰은 이들이 불법 침입을 했다는 더 가벼운 범죄에 대한 증거는 확보했다. 절도 혐의에 대해 유죄 판결을 내리기 위해서는 두 용의자 중 적어도 한 명이 자백해야 한다.

용의자들은 각자 다른 감방에 수용되어 서로 대화를 할 수 없다. 두 용의자 모두 동일한 제안을 받

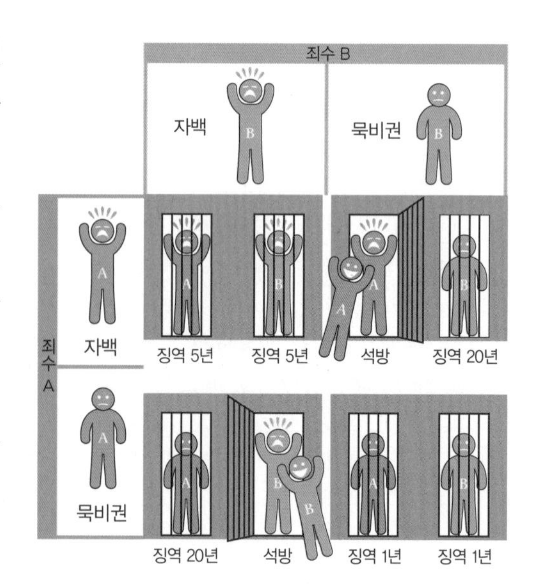

죄수의 딜레마

는다. 만약 다른 공범이 자백을 하지 않았는데, 자신의 절도 혐의를 인정하고 다른 공범이 연루되었음을 인정한다면, 자신은 석방되지만 다른 공범은 징역 20년을 받게 된다는 것이다. 만약 두 용의자가 모두 자백하면 둘 다 징역 5년을 받게 되고, 두 용의자 모두 자백하지 않는다면 둘 다 불법 침입에 대해 징역 1년을 받게 된다.

최선의 전략은 무엇인가? 최대최소 규칙에 따르면 최선의 선택은 자백하는 것이다. 자백하지 않는 것은 다른 공범이 자백하고 자신이 연루되었음을 인정했을 때 징역 20년을 살아야하는 위험을 무릅쓰는 것이다. 자백은 손실을 최소화하고 이익을 최대화하는 유일한 방법이다. 최악의 경우에는 징역 5년을, 최선의 경우에는 석방될 수 있다.

배수진을 쳐라

게임이론이 확립되기 5세기 전, 스페인의 정복자 에르난 코르테스(Hernán Cortés)가 게임이론을 그대로 적용한 전략을 펼쳤다. 코르테스가 소규모 군대를 이끌고 멕시코에 도착했을 때 그가 맨 처음 한 일은 공개적으로 그들이 타고 온 배에 불을 지른 것이다. 이것은 아즈텍 사람들에게 후퇴할 수 있는 경로가 차단되었기 때문에 스페인 군대는 물러서지 않고 싸우겠다는 의지를 보여주었고, 아즈텍 사람들이 공격을 단념하게 만들었다. 코르테스는 자신이 어떤 전투도 승리할 거라고 확신할 만큼 능력이 뛰어나기 때문에 자신과 맞서 싸우는 것은 상당히 어리석은 일이라는 인상을 주었던 것이다. 그 결과 아즈텍 사람들은 후퇴했다. 코르테스의 이러한 행동으로 어떤 상황에서 후퇴할 가망성이 없음을 뜻하는 '배를 불태우다(burn your boats)'라는 표현이 생겼다.

에르난 코르테스

Chapter

19

카오스 이론

카오스chaos(혼돈)를 다루는 이론을 성립하는 게 가능할까? 어떤 이론이 무작위로 보이는 것을 요약할 수 있을까? 수학에서 말하는 카오스는 무질서를 뜻하는 것이 아니다. 카오스 이론Chaos theory은 초기 상태에서 생겨난 미세한 변화가 급격히 다른 결과를 낳게 되는 복잡한 체계의 수학을 다룬다. 이러한 복잡한 체계의 예로는 기상관측 체계, 흐르는 물의 난류, 동물 개체수의 변동 등을 들 수 있다. 카오스 이론은 정확한 일기예보가 왜 불가능한지를 설명해준다.

날씨 양상은 복잡하며 장기 일기예보는 불가능하다.

카오스 연대표

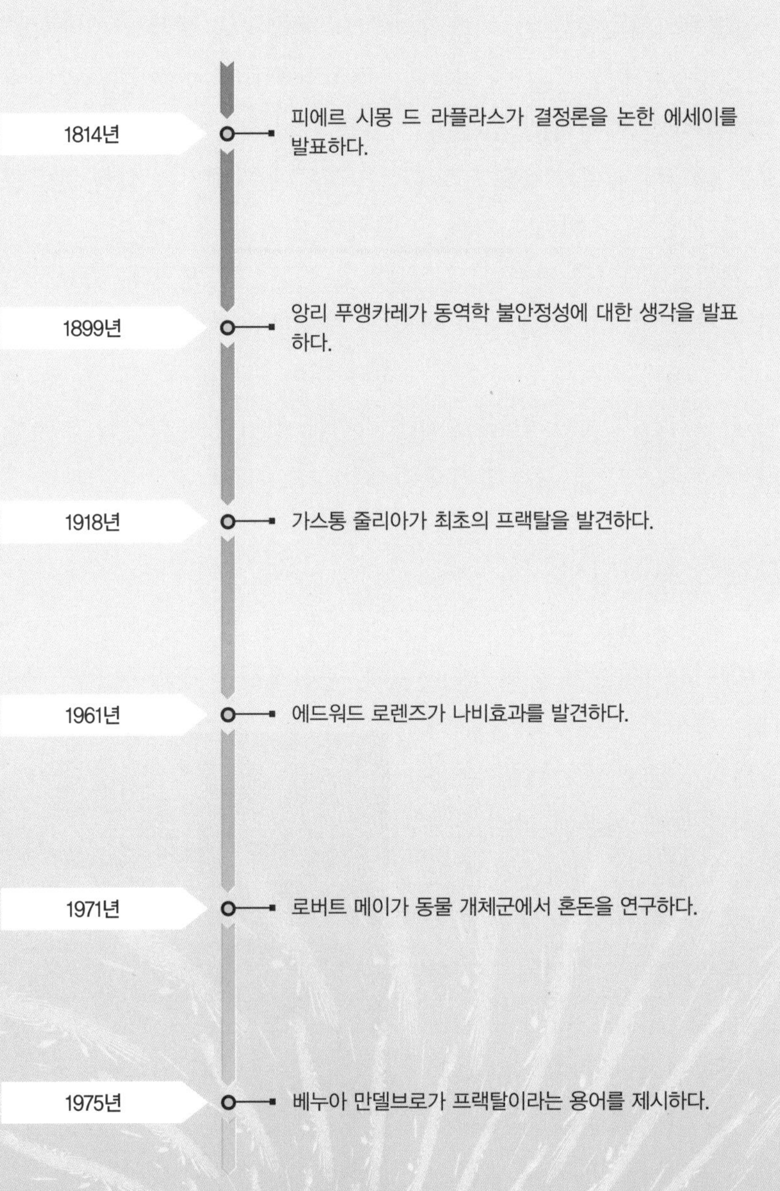
1814년
피에르 시몽 드 라플라스가 결정론을 논한 에세이를 발표하다.
1899년
앙리 푸앵카레가 동역학 불안정성에 대한 생각을 발표하다.
1918년
가스통 줄리아가 최초의 프랙탈을 발견하다.
1961년
에드워드 로렌즈가 나비효과를 발견하다.
1971년
로버트 메이가 동물 개체군에서 혼돈을 연구하다.
1975년
베누아 만델브로가 프랙탈이라는 용어를 제시하다.

결정론적 우주

역설적이게도 카오스 이론의 뿌리는 결정론에 대한 확신에서 찾을 수 있다. 피에르 시몽 드 라플라스Pierre-Simon de Laplace는 1812년에 결정론에 대한 에세이를 발표했다. 라플라스는 이 에세이에서 우주에서 모든 물체의 위치와 속도, 그리고 그 물체에 가해지는 힘을 알아낼 수만 있다면, 모든 미래 시간에 그 물체의 위치와 속도를 어느 순간에라도 계산할 수 있을 것이라고 주장했다. 물론 그렇게 많은 자료를 수집하는 것은 결코 가능한 일이 아니다. 하지만 이러한 생각은 우주의 움직임에 대해 적어도 근삿값을 구하는 것이 가능하며, 그 근삿값은 차이를 지각하지 못할 만큼 실제에 가까울 것이라는 가정을 토대로 한다. 카오스 이론은 그러한 가정에 종지부를 찍었다.

동역학 불안정성

1900년경 프랑스의 수학자이자 물리학자인 앙리 푸앵카레Henri Poincaré(1854~1912)가 동역학dynamics의 불안정성을 정립하였다. 푸앵카레는 행성의 운동에 관심을 기울였다. 행성은 뉴턴의 운동 법칙과 중력 이론에 의해 움직이므로 완전히 결정론적인 것으로 간주되었다. 천체의 위치와 운동을 더 정확하게 측정할수록 이 천체의 미래 위치를 더 정확하게 예측할 수 있다. 초기 조건을 측정할 때 불확실성을 줄인다면 예측의 불확실

혼천의(armillary sphere). 우주에서 행성이 정해진 경로를 따라 움직이는 모습을 보여준다.

성을 줄일 수 있다. 하지만 푸앵카레는 이것이 모든 체계system에 적용되지 않는다는 사실을 발견했다.

일반적으로 세 개 이상이 상호작용하는 천체로 구성된 천문계에서 이러한 규칙은 적용되지 않는다. 푸앵카레는 이러한 유형의 천문계에서 초기 조건이 부정확할 경우, 아무리 그 차이가 미세하다고 하더라도 시간이 지나면 그 차이가 급격하게 확대된다는 것을 보여주었다. 그는 초기 조건의 불확실성을 최소한으로 줄인다고 해도 최종적인 예측에서 그 불확실성은 여전히 매우 커질 수 있다는 것을 증명했다. 푸앵카레는 체계에서 초기 조건에 대해 최종 결과가 가지는 극도의 민감성을 연구했는데, 그의 연구는 동역학 불안정성dynamical instability이라고 불렸으며, 이것은 이후에 카오스chaos(혼돈)라고 알려지게 되었다. 그로부터 수십 년이 지난 후에야 푸앵카레의 발견이 어떤 의미인지 제대로 이해될 수 있었다.

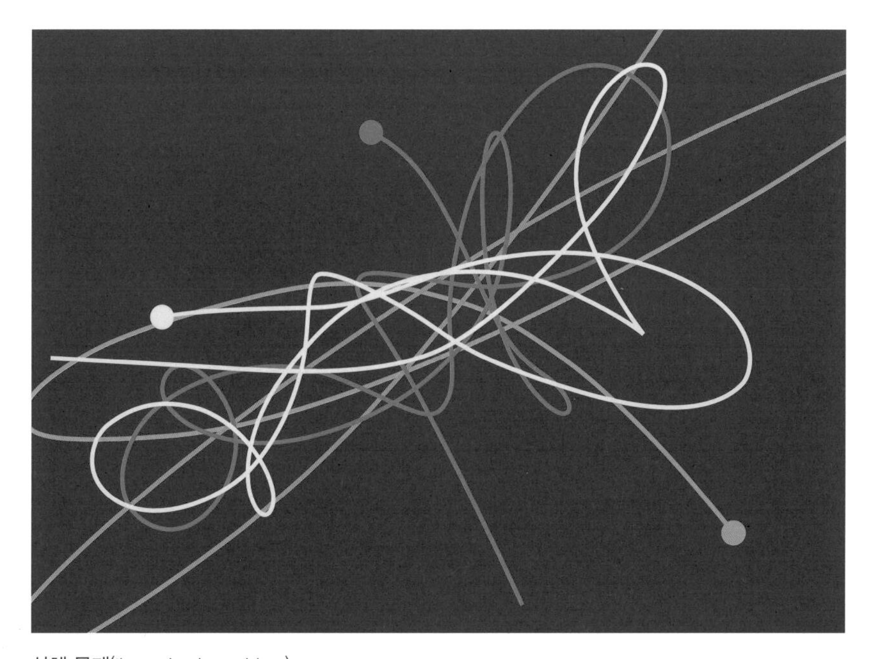

삼체 문제(three-body problem)

나비효과

1961년, 기상학자 에드워드 로렌즈Edward Lorenz(1917~2008)는 단순화된 기상 모형을 연구하기 위해 기본적인 소프트웨어 프로그램을 만들었다. 컴퓨터 모형은 온도와 풍속 등을 나타내는 열두 가지 변수를 기반으로 만들어졌다. 로렌즈는 컴퓨터 코드가 사실상 결정론적이기 때문에 초깃값을 동일하게 설정하면 프로그램을 실행할 때마다 정확히 동일한 결과를 얻게 될 것으로 예상했다.

그러던 어느 날, 로렌즈는 이전에 실행했던 시뮬레이션을 반복하다가 급격히 다른 결과를 얻고 깜짝 놀랐다. 유심히 살펴보던 그는 두 번째 시뮬레이션에서 한 가지 변수의 값이 0.506127에서 반올림되어 0.506으로 입력되었다는 사실을 발견했다. 10만분의 1 남짓한 그 작은 차이가 프로그램에서 생성된 날씨 양상을 완전히 뒤바꾸었다.

'브라질에 있는 나비의 날갯짓이 텍사스에서 토네이도를 유발할 수 있다'라는 로렌즈의 발상은 나비효과로 알려지게 된다.

푸앵카레와 마찬가지로 로렌즈 역시 작은 변화가 큰 결과를 가져온다는 중요한 사실을 통찰하게 되었다. 로렌즈는 브라질에 있는 나비의 날갯짓이 텍사스에서 토네이도를 유발할 수 있다고 생각했는데, 이것을 나비효과butterfly effect라고 한다. '초기 조건에 대한 민감한 의존성sensitive dependence on initial conditions'으로도 알려진 나비효과의 발상은 큰 파장을 일으켰다. 이제 과학자들은 일기예보가 전반적으로 혼돈계chaotic system라고 생각한다. 장기 일기예보가 어느 정도 정확해지려면 셀 수 없을 만큼 여러 번 측정해야 할 것이다. 초기 측정에서 불확실한 요소는 그것이 아무리 작다고 해도 결과적으로 부정확한 일기예보로 이어지게 된다.

비선형성

위상공간 사상Phase-space map은 물리학자들이 혼돈계를 포함한 물리적 체계의 동작을 연구하기 위해 사용하는 지도 유형을 말한다. 예를 들어 위상공간 사상은 물체의 위치와 속도를 좌표로 나타낼 수 있다. 위상공간 사상은 실제 위치만이 유일한 변수이기 때문에 실제 눈으로 볼 수 있는 움직이는 물체를 시각적으로 나타낸 것이 아니다.

위상공간 사상은 시간이 지나면서 체계가 변화하고 진보하는 방식을 보여줄 수 있다. 체계가 변화함에 따라 위상공간의 변화를 나타내는 숫자 또한 변화한다. 숫자의 변화 방식을 결정하는 규칙이 있는 위상공간을 동역학계dynamical system라고 한다. 선형계에서는 변수의 변화에 따른 효과가 항상 동일하게 비례한다. 예를 들어 변화가 두 배로 늘어나면 그 효과도 두 배가 되며, 변화가 절반으로 줄어들면 그 효과도 절반이 된다.

비선형계에서는 변수의 변화로 도출되는 변화가 비례해서 나타나지 않는다. 날씨와 같은 모든 혼돈계는 비선형적이다. 선형계는 수학적으로 풀 수 있지만 비선형계는 수학적으로 해결할 수 없다. 강력한 컴퓨터가 등장하고 나서야 비선형계의 동작을 어림하는 것이 가능해졌다. 뉴턴과 라플라스의 낙관과 믿음에도 불구하고 자연은 본질적으로 비선형적이다. 폴란드계 미국인 핵물리학자인 스타니스와프 울람Stanislaw Ulam의 말처럼, '비선형(非線型) 과학과 같은 용어를 사용하는 것은 동물학의 대부분을 비(非)코끼리 동물의 연구라고 일컫는 것과 마찬가지다.'

결정론적인 임의성

혼돈계는 우연한 요소가 작용하지 않으며 정확한 규칙에 의해 통제되는 체계라고 정의된다. 다시 말해 혼돈계는 결정론적이지만 임의의 사건이 발생할 수 있는 체계를 말한다. 이것이 어떻게 가능할까?

1940년대 후반, 존 폰 노이만은 매우 간단하게 임의의 수를 발생시키는 방법을 제시했다. 먼저 숫자 x에 $(1-x)$를 곱하여 구한 값에 4를 곱한다. 그런 다음 계산 결과 구해진 값에 동일한 식을 적용한다. 최초 숫자가 선택되면 결과는 이미 결정되지만 놀라운 점이 있다. 예를 들어 최초 숫자 x가 0.2라고 가정해보자. 수열은 0.64, 0.9216, 0.2890, 0.8219, 0.5855, 0.9707, 0.1137, 0.4031…가 되며, 이것은 완전히 임의의 수열이다. 오늘날 폰 노이만의 규칙은 로지스틱 사상Logistic map으로 알려져 있으며 혼돈이 작용하는 가장 단순한 수학적 사례에 속한다. 1970년대에 생물학자인 로버트 메이Robert May가 폰 노이만의 규칙을 이용하여 시간의 경과에 따른 동물 개체의 변화를 모델링했다. 메이는 '매우 복잡한 동역학을 가진 단순 수학 모델Simple Mathematical Models with Very Complicated Dynamics'이라는 제목의 논문에서 자신의 연구 결과에 대해 썼다.

끌개 - 이상한 끌개와 그 밖의 것

동역학계의 위상공간을 나타내는 다이어그램에는 끌개attractor가 포함될 수 있다. 끌개는 체계가 진전하려는 상태를 말한다. 운동하는 진자와 같은 단순 체계의 경우, 끌개는 진자의 정지점rest point이 될 수 있다.

앞서 살펴봤듯이 에드워드 로렌즈가 처음으로 제시한 기상 모형은 열두 가지의 변수를 기반으로 만들어졌다. 로렌즈는 단순한 방정식을 이용하여 복잡한 행동을 조사하고자 했으며, 유체의 아랫부분이 가열될 때 유체의 흐름인 대류 현상을 생각해냈다. 로렌즈는 간단하게 답이 구해지는 세 가지 방정식을 제시했지만, 이 방정식으로 생성되는 동역학계는 매우 복잡했다. 로렌즈의 방정식으로 얻은 값은 로렌즈 끌개Lorenz attractor를 가진다.

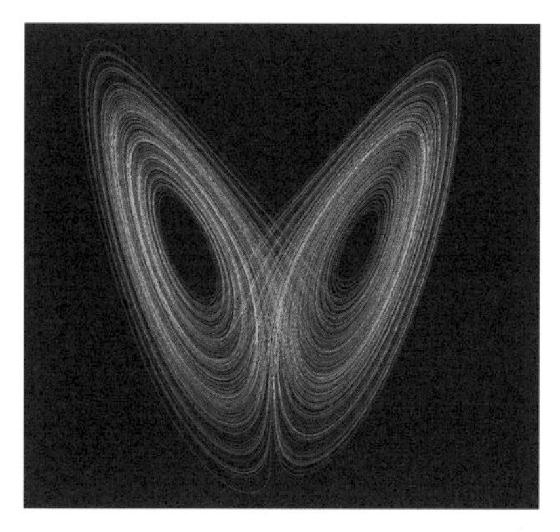
로렌즈 끌개

로렌즈 끌개는 이상한 끌개strange attractor의 한 예이다. 이상한 끌개는 체계가 끌개상에서 어디에 있는지 정확히 알 수 없다는 점에서 매우 독특하다. 어느 한 순간 끌개상에서 서로 가까이 있던 두 점이 또 다른 순간에는 임의대로 서로 멀리 떨어진다. 일반적인 끌개와는 달리 이상한 끌개는 절대 반복하지 않는다. 이것은 어느 순간에 혼돈계가 어떤 상태일지 절대 정확하게 예측할 수 없다는 것을 뜻한다. 혼돈계 위상공간이 아무리 정밀하게 측정된다고 하더라도 항상 같은 정도의 복잡성이 나타나며, 이것을 자연에서 프랙탈fractal이라고 한다.

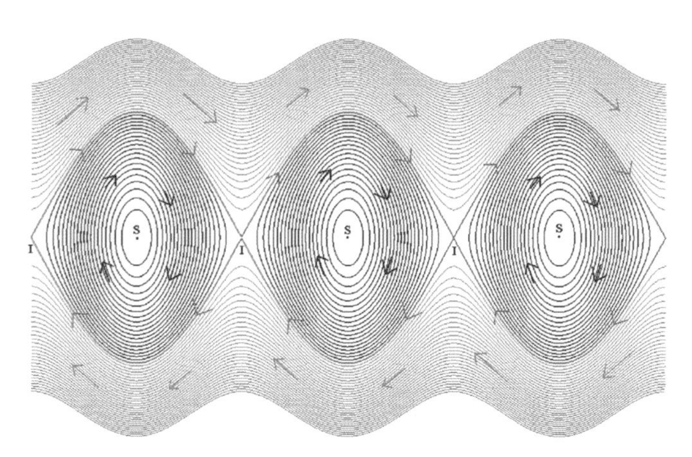

진자의 위상공간 사상

프랙탈

1919년, 가스통 줄리아Gaston Julia(1893~1978)는 간단한 알고리즘을 계속해서 반복하는 수학 실험을 했다. 그가 출발점으로 선택한 숫자에 따라 결과는 제한된 범위 내에 있거나 범위에서 크게 벗어났다. 수년이 지난 후에야 강력한 컴퓨터가 등장하면서 연구자들은 줄리아 집합을 시각적으로 표현하고 그 구조의 아름다움을 밝힐 수 있게 되었다.

줄리아 집합은 최초의 프랙탈 중 하나로, 프랙탈이라는 용어를 처음 사용한 사람은 베누아 만델브로Benoit Mandelbrot(1924~2010)이다. 프랙탈의 특징은 프랙탈을 아무리 확대하더라도 복잡한 모양을 유지한다는 것이다. 또한 프랙탈은 자기유사성self-similarity을 가지는데, 이것은 작은 규모의 프랙탈 구조가 더 큰 규모의 프랙탈 구조와 구별될 수 없다는 것을 뜻한다.

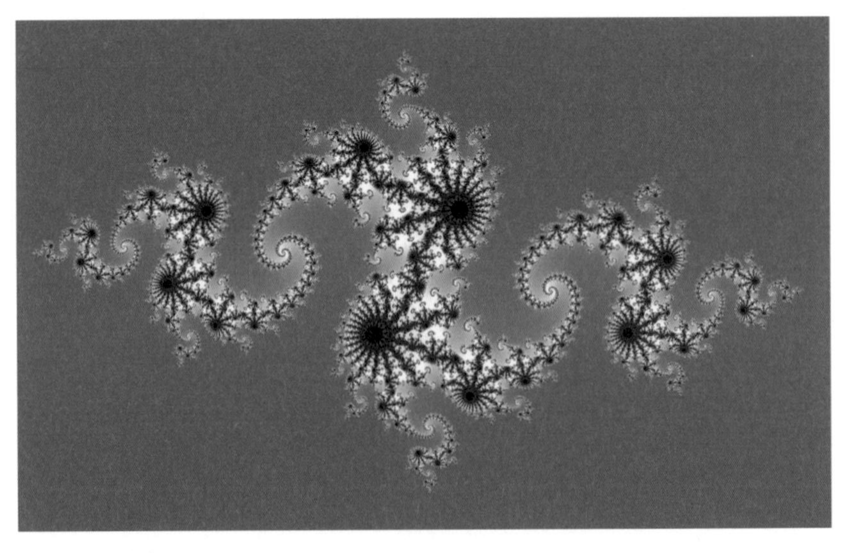

줄리아 집합의 예

현실 세계에는 해안선과 고사리 잎처럼 프랙탈 성질을 가진 것들이 많이 있다. 그리고 많은 분야에서 프랙탈 수학을 실용적으로 사용할 수 있다는 것이 증명되었다. 오늘날 영화 제작에 흔히 사용되는 컴퓨터 그래픽은 프랙탈 생성을 기반으로 한다. 프랙탈 기하학은 지진 발생에서 금융 시장 원리에 이르기까지 복잡한 체계를 이해할 수 있는 길을 열었다.

베누아 만델브로

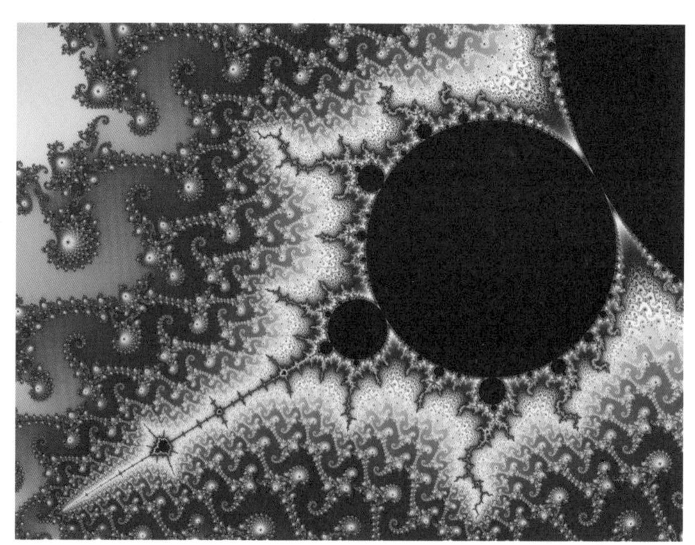

만델브로 집합

Chapter

20

수학이 현실을 설명할 수 있을까?

*"수학 법칙은 현실을 설명하기엔 확실치 않고,
확실한 수학 법칙은 현실과 아무런 관련이 없다."*

알베르트 아인슈타인, 물리학자

알베르트 아인슈타인

노벨물리학상을 수상한 수리물리학자 유진 위그너Eugene Wigner(1902~1995)는 수학이 현실을 설명하는 놀라운 능력을 두고 "자연과학에서 수학의 비합리적 효율성"이라고 말했다. 이와 동시에 과학자들 역시 양자역학에서 도출된 개념이 수학과 관련된 사고에 어떠한 영향을 주게 될지를 주시하고 있었다. 그렇다면 아마도 해결해야 하는 궁극적인 문제는 이것이다. 현실이 정말 수리적인가? 아니면 수학은 우리가 만들어낸 것에 불과한가?

*"물리학 법칙을 확립하는 데 수학의 언어가
타당할 수 있다는 기적은 우리가 이해할 수도 없고
당연하게 여겨서도 안 되는 멋진 선물이다."*

유진 위그너, 수리물리학자

앞서 살펴봤듯이 우주가 수학에 의해 지배된다는 개념은 새로운 것이 아니다. 피타고라스는 우주가 수리적이라고 확신했다. 위대한 과학자 갈릴레오 갈릴레이는 우주는 "수학의 언어로 쓰였으며 삼각형, 원, 기하도형들이 그 상징이다. 이것들이 없다면 한 개의 단어도 이해하지 못하고 어두운 미로에서 헛되이 헤매게 될 것이다."라고 말했다. 하지만 숫자는 우리의 편리를 위해서, 즉 장부를 작성하기 위해서 발명한 것 이상인 걸까?

스웨덴 출신의 미국 물리학자 맥스 테그마크Max Tegmark(1967~)는 이 질문에 대해 조금도 의심하지 않는다. 그는 우리가 우주의 수리적 구조를 묘사하기 위해 수학의 언어를 발명했다고 믿는다. 우리는 우주 구조 중 어떠한 부분도 변경하거나 발명할 수 없고 발견을 시도할 수만 있으며, 필요하다면 그 우주를 설명할 방법을 발명할 수는 있다. 우리가 아무리 노력한다고 해도 원주의 길이와 그 지름의 비율이 π가 아닌 현실을 창조할 수는 없다.

테그마크는 데카르트가 아마 문제 삼았을지도 모를 가설로 시작한다(139쪽 참조). 그는 그 가설을 외부 현실 가설이라고 일컬었는데, 이 가설에 따르면 우리와 완전히 별개로 존재하는 실제 물리적 현실이 있다. 우리는 이 현실 요소에 '힉스 입자Higgs boson'에서부터 '펄서pulsar'에 이르기까지 우리가 꿈꾸는 근사한 이름을 붙여줄 수 있다. 하지만 그렇다고 해서 이러한 요소들이 지속해서 존재하는 데 우리의 동의가 있어야 하는 건 아니다. 테그마크에 따르면 무언가를 설명하기 위해 사용하는 단어들은 단지 '선택적 부담'에 불과하다. 그

맥스 테그마크 (왼쪽)

다음 단계는 수리적 우주 가설로, 우리가 경험하는 물리적 외부 현실이 수학적 구조를 가진다는 점을 밝히는 것이다.

테그마크는 그러한 부담을 지지 않으면서 외부 현실을 설명할 방법이 있는지 묻는다. 그는 현대 수학의 구조가 순수하게 추상적 방식으로 정의될 수 있다고 생각한다. 수학 기호는 단지 표시일 뿐이다. '펄서'와 같은 표시에는 본질적 의미가 없다. 우리가 πr^2이라고 쓰든지 파이 알 제곱이라고 쓰든지 어떻게 쓰느냐는 중요하지 않다. 뭐라고 쓰든지 간에 원의 넓이는 변하지 않는다. 무엇이라고 부르는가가 중요한 것이 아니라, 서로 어떻게 연관되는지가 중요하다. 수학적 우주 가설Mathematical Universe Hypothesis은 우리가 사는 현실의 특징이 현실을 구성하는 요소의 성질에서 나오는 것이 아니라 그 요소들의 관계에서 나오는 것이라고 말한다. 테그마크는 이에 대해 '미친 소리 같은 믿음'이라고 묘사했으며, 이것이 대단히 논쟁의 여지가 있는 주제라고 해도 전혀 과장이 아니다.

양자역학

20세기 초에 물리학자들이 양자역학의 영역을 탐구하기 시작했을 때, 그들은 발견한 것을 설명하기 위해 수학에 의지해야 했고, 확률론이 방향을 제시할 것으로 보였다. 그보다 앞서 물리학에서는 전자와 같은 입자가 공간에서 명확한 위치를 가졌다고 믿었다. 하지만 양자역학에서는 확률을 통해서 입자가 어디에서나 존재하는 것이 가능하다고 말한다. 고전적인 이중 슬릿 실험 등이 이러한 확률론적 입자가 마치 파동처럼 서로 간섭할 수 있다는 것을 보여주면서 문제는 훨씬 더 복잡해진다.

고전적 확률론은 이중 슬릿 실험을 충분히 설명할 수 없었다. 1926년, 오스트리아의 물리학자 에르빈 슈뢰딩거Erwin Schrödinger(1887~1961)가 이 문제의 해결책을 제시했다. 슈뢰딩거는 확률파동이 형성되는 방식,

이중 슬릿 실험

이중 슬릿 실험(double-slit experiment)은 이해하기 힘든 양자역학 실험 중 하나이다. 전자 또는 광자와 같은 입자의 연속보가 슬릿 사이의 간격이 좁은 이중 슬릿을 통과하도록 할 경우, 이 입자들은 파동처럼 작용하며 특징적인 간섭 패턴을 형성한다. 흥미로운 점은 한 번에 한 개의 입자를 통과시킬 경우에도 여전히 간섭 패턴이 형성된다는 점이다. 어떻게 이렇게 되는 걸까? 그것은 아무도 모른다. 위대한 물리학자인 리처드 파인만(Richard Feyn-man)이 말한 것처럼, '아무도 양자역학을 이해하지 못한다.'

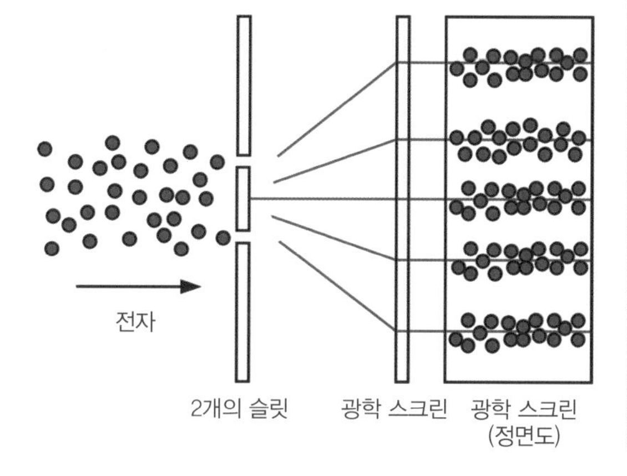

이중 슬릿 실험

현상이 관찰될 때 확률파동이 변화하고 붕괴되는 방식을 정하는 방정식을 창안했다. 슈뢰딩거 방정식은 확률파동(또는 확률파동함수)의 형태를 설명하며, 이러한 파동함수가 외부 영향에 의해 어떻게 변화되는지를 명시한다. 실제로 파동함수는 입자에 대한 모든 측정 가능한 정보를 함수 내에 포함한다. 파동함수는 물체를 관찰할 때 무엇을 발견하게 될지를 알려주지 않으며, 관찰할 때 발견할 가능성이 있는 것들의 확률을 알려줄 뿐이다. 양자역학에서 슈뢰딩거 방정식은 고전역학에서 뉴턴의 운동 법칙만큼 중요하다.

슈뢰딩거가 설명하는 양자의 세계는 원자핵 주위를 돌고 있는 전자와 원자를 태양계 모형처럼 나타낸 것 같이 우리가 머릿속에서 그릴 수 있는 것이 아니다. 슈뢰딩거의 양자 세계는 순수하게 수학적인 구조였다. 양자역학은 원자 영역을 매우 정확하고 엄격한 수학적 용어로 설명했지만, 결과적으로 확률적인 측면에서만 볼 수 있는 불확실한 것이었다.

1920년대에 물리학자인 닐스 보어Niels Bohr와 베르너 하이젠베르크Werner Heisenberg가 주도적으로 양자역학에 대한 코펜하겐 해석을 제안했다. 코펜하겐 해석은 파동함수가 관찰 결과를 예측하기 위한 도구에 불과한 것으로 취급하며, 물리학자들이 '현실'의 모습을 상상하는 것을 중시해서는 안 된다고 말한다. 오늘날에도 파동함수가 사실 실질적인 의미에서 '실재'하는 것인지, 아니면 단지 양자 영역 확률을 계산하기 위한, 따라서 현실에는 존재하지 않는 수학적 도구에 불과한 것인지에 대해서는 여전히 의견이 분분하다.

오스트리아 통화에 그려진 에르빈 슈뢰딩거

누가 파동함수를 붕괴시켰는가?

양자역학은 우주가 작동하는 원리를 설명하기 위해 고안된 최고의 이론과학 중 하나이다. 양자역학의 확고한 예측력은 여러 차례 실험을 통해 증명되었다. 하지만 관찰을 통해 파동함수가 붕괴되기 전까지 현실이 근본적으로 불확실한 상태에 있다는 발상은 양자물리학의 창시자들조차도 받아들이기 어려운 것이었다. 누가 파동함수를 붕괴시켜 우주를 탄생시키고 우리가 그 우주를 볼 수 있게 했을까? 아인슈타인의 유명한 명언처럼, '아무도 달을 보고 있지 않으면 그 달은 존재하지 않는 것일까?'

대체로 세 가지 대안이 있다. 첫 번째 대안은 수십 년에 걸친 실험이 뒷받침하고 있긴 하지만, 파동함수가 완전한 현실의 모습을 보여주지 않는다는 것이다. 두 번째 대안은 파동함수는 붕괴되지 않으며, 파동함수 내 모든 가능성이 분리된 우주에 존재한다는 것이다. 이것을 다세계 해석many worlds interpretation이라고 한다.

리처드 파인만

세 번째 대안은 1970년대 미국과 이탈리아의 물리학자들이 처음으로 제안한 객관적 붕괴 이론objective collapse theory이다. 이 이론은 슈뢰딩거 방정식을 조정하여 파동함수가 불확정 상태에서 단일의 확정된 상태로 자연스럽게 변화하게 만드는 것을 목적으로 삼았다. 이를 달성하기 위해 물리학자들은 슈뢰딩거 방정식에 두 가지 항을 추가했는데, 비선형 항은 다른 상태들은 희생시키면서 한 상태를 빠르게 촉진하고, 확률 항은 그러한 상태가 무작위로 발생하도록 만든다.

현실의 언어

이론물리학자인 리처드 파인만Richard Feynman은 이런 말을 했다. "수학을 모르는 사람들에게 자연의 아름다움, 그 깊은 아름다움에 대한 진정한 느낌을 설명하는 것은 어렵다 … 자연에 대해 배우고자 한다면, 자연을 감상하고자 한다면, 자연의 언어를 이해할 수 있어야 한다."

수학은 현실이 아닐 수도 있다. 하지만 현실이 우리와 소통하는 방식이 수학이 될 수는 있다. 아니면 우리가 현실을 인지하는 방식과 수학이 잘 어울리는 것은 수학이 정확히 그렇게 되도록 우리가 만들었기 때문일까? 진실이 무엇이든지 간에 우리는 결코 알지 못할 가능성도 있다. 아마도 수학은 현실이 돌아가는 방식에 대한 문제를 해결하기 위해 인류가 발명한, 혹은 발견한 최고의 도구일지도 모른다.

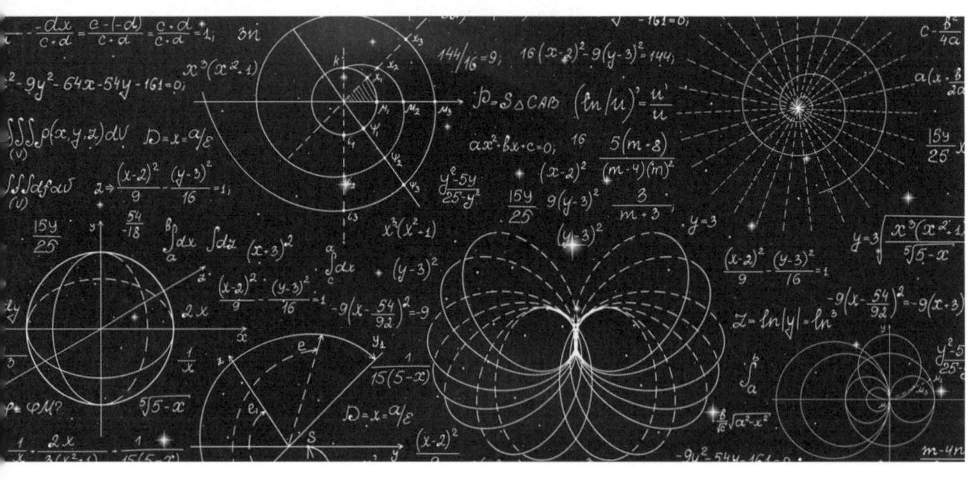

수학의 세계

"어떤 위대한 발견도 용감한 추측없이는 발견될 수 없다."

"No great discovery was ever made without a bold guess."

⋮

아이작 뉴턴Sir Isaac Newton

찾아보기